Live A
Better Life In The Corrupt Society

沒有誰能永遠做你的救星，
除了你自己。

我已經忍你很久了

我就是教你混社會

行動，才是滋潤成功的食物和水；社會不是幼稚園，別把不現實當真實。
有些人脈會打通你的前程，有些人脈卻會掐死你的命脈。

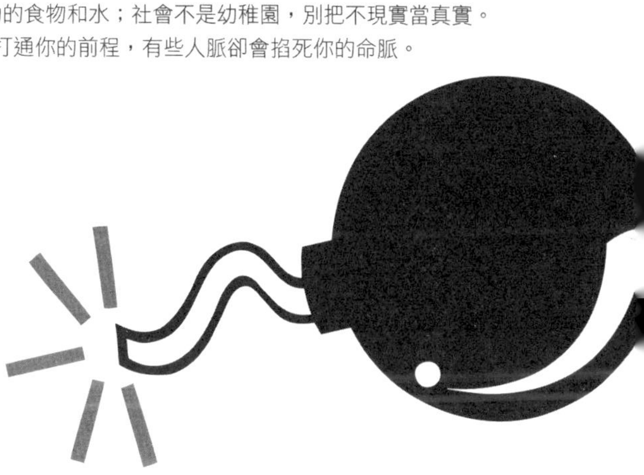

永續圖書線上購物網　讀品文化事業有限公司

WWW.foreverbooks.com.tw　yungjiuh@ms45.hinet.net

思想系列 40

我已經忍你很久了：我就是教你混社會

編　著　張振浩
出版者　讀品文化事業有限公司
執行編輯　林于婷
美術編輯　林子凌

騰讯读书　华夏原创网

本書經由北京華夏墨香文化傳媒有限公司正式授權，同意由讀品文化事業有限公司在港、澳、臺地區出版中文繁體字版本。

總經銷　永續圖書有限公司
TEL／(02)86473663
FAX／(02)86473660
劃撥帳號　18669219
地　址　22103　新北市汐止區大同路三段 194 號 9 樓之 1
TEL／(02)86473663
FAX／(02)86473660
出版日　2013年07月

法律顧問　方圓法律事務所　涂成樞律師
CVS代理　美璟文化有限公司
TEL／(02)27239968
FAX／(02)27239668

國家圖書館出版品預行編目資料

我已經忍你很久了：我就是教你混社會/ 張振浩編著.
-- 初版. -- 新北市 : 讀品文化, 民102.07
面 ;　公分. -- (思想 ; 40)
ISBN 978-986-6070-98-3(平裝)
1.職場成功法
494.35　　102009412

前言

在這個世界上，從來不缺乏高高在上的成功者，也不缺乏一事無成的失意人。成功者裡，有的貌不驚人，出身平凡；失意者裡，也不乏才華橫溢，滿腹經綸之人。命運就是愛捉弄人，往往越是那些看上去最可能成功的人反而沒有成功，看上去其貌不揚的人卻笑到了最後。

平心而論，人人都是吃米飯長大的，也都是兩隻手兩條腿，但爲何人生際遇卻是「你在天堂，我在凡塵」呢？追根究柢，就是成功者找到了讓自己變強的祕訣，進而能順勢而爲，如魚得水；而失敗者總是不得其門而入，因此總是白白浪費精力。此等祕訣並不深奧，不過就是「混」社會的技巧，例如：與人相處的人情世故，在職場打滾的心機城府，步步爲營的做事技巧等等。

無論你是剛畢業的新人菜鳥，還是鬱鬱不得志的職場老將，本書都能給予一定的收穫。

Lesson 1

想要混得好 不可不知人脈的真相

Lesson 2

為什麼那些無功無過的人地位最穩固

Lesson 3

世界上到處都是「聰明」的傻子

社會不是幼稚園 別把夢幻當真實

社會險惡 讀人比讀書更重要

Lesson 6

不要被人賣了還幫人數錢

Live A better Life in
The Corrupt Society

想要混得好

不可不知人脈的真相

Lesson 1

攀龍附鳳是人的本性

有句古話說得可謂是一針見血：「窮在鬧市無人問，富在深山有遠親。」確實如此，扳扳手指頭數數，想一想自己或者身邊人的遭遇，你就會感嘆：當你春風得意之時，人人都想跟你交朋友，無論走到什麼地方，都有一群跟班，都是大家關注的焦點；而當你窮途落魄之時，昔日的親朋好友馬上對你冷眼相看，甚至還跟你徹底劃清界限，就好像在你生活中從來沒有出現一樣，你的所謂優點也一下子變得一文不值。

直到這時你才痛心疾首的發現，在風光時巴結你的，幾乎全是唯利是圖的小人。困難時留在你身邊的，才是真正的朋友！所以攀龍附鳳是人的本性，這是世之通病、人之常情，符合人性趨利避害的特點。

那麼，是不是因爲你看透了這點，就索性形單影隻，不再相信友情或者親情呢？沒有必要！

陳力豪，今年三十歲，出生在小鎮裡的普通家庭，父母沒有太多的本事，勉強維持著整個家庭的運行，夏天搖著扇子，穿著短褲在街頭巷尾乘涼；冬天則忙著搬運著一捆又一捆的大白菜儲在家裡。

似乎和所有小說裡描寫的一樣，窮人總會有那麼一兩個闊親戚——陳父的妹妹，力豪的大姑姑一家便著實過著不錯的生活。

因此直到多年以後，力豪的眼前還能浮現出表哥那張誇張扭曲的臉。

小孩都愛新鮮玩意，別看力豪現在也算一個成功人士，小時候卻極度羡慕著表哥，無論是超大的變形金剛還是嶄新炫目的遊戲機，表哥總在第一時間擁有，在力豪這個肥頭大耳的表哥字典裡，完全沒有分享這個字眼，有的也只有炫耀兩字。

逢年過節親戚們相聚的時刻便是力豪最為鬱悶的時候——每當幾個孩子聚在一塊，表哥便會滿臉囂張的告訴力豪，自己的新遊戲機如何的好玩，自己的新玩具如何的新奇，直到其他孩子眼珠子快掉到地上的時候，表哥才會心滿意足地嘖嘴。

聽到孩子們如此對白，大姑姑有時候也會叫自己的兒子讓力豪他們玩一下這些玩具，而表哥這個時候會露出誇張的表情，碩大的臉頰占據了力豪的整個視野——「不行、不行！那個大變形金剛好幾千塊呢！他們弄壞了怎麼辦？」面對這樣的回答，力豪也只有訕訕地走開。

所以，當看著表哥現在滿臉堆笑地看著自己的時候，力豪心裡五味雜陳。甚至腦海中不由自主冒出「你也有今天」的奇怪字眼。這也難怪，自從力豪當上了一家知名上市公司的總經理以後，這些親戚也不知道從什麼地方冒出來，爭先恐後地來和自己套交情。

力豪以前還不瞭解「攀龍附鳳」「趨炎附勢」這些話的具體意思，現在的生活狀態就完美的詮釋了這一點：去小鎮裡陳家走動的親朋好友如過江之鯽；自己的手機也被各種莫名其妙的號碼幾近打爆。

什麼是生活？這就是生活。

這些變化是在什麼時候開始的？力豪並不清楚。不過他明白，這並不是自己本身發生了什麼改變，而是自己身處的位置發生了變化。不過經歷過歲月磨練的力豪，已經對於這種事情具有了免疫力，因爲這是人的本性。

假設有兩個人，A和B，你對這兩個人都沒有太深的瞭解，只知道A事業有成，年少多金，而B是一個宅男，以泡麵爲生。

請問，你願意和誰多接觸？不用多說，答案自有分曉，百分之九十九點九的人，都會選擇去認識A，爲什麼？這就是人的本性，攀龍附鳳的本性。

看到這，也許你會臉皮發燙，心中甚至還會有那麼一絲絲的內疚，畢竟你沒有理直氣壯地駁斥：「我選擇和我志趣相投，是個好人的那個人。」其實，這很正常。「人往高處走，水往低處流」，從古到今，人人都喜歡跟有錢人交往，不願跟窮人做朋友，因爲前者有便宜可占，後者沒油水可撈。

當然，有錢人不用暗自竊喜，沒錢的人也不用垂頭喪氣，《菜根譚》有云：「炎涼之態，富貴更甚於貧賤；妒忌之心，骨肉尤狠於外人。此處若不當以冷腸，禦以平氣，鮮不日坐煩惱障中矣。」人情的冷暖、世態的炎涼，富貴之家比貧苦人家更顯得明顯；嫉妒猜疑的心理，在至親骨肉之間比外人表現得更爲厲害。只要地球繼續在運轉，風水會輪流轉，我們每個人都能體會到這個人情冷暖變化中的微妙。

所以要想在社會中混得如魚得水，就要記得攀龍附鳳這種人類的本性。被人拍馬屁的時候我們也不要飄飄欲仙，自我感覺良好；拍別人馬屁的時候也不要覺得良心有愧，對不起天地父母。我們大可深吸一口氣，當作一切都是浮雲，保持平和寧靜的心態，走自己的路，讓別人去說吧！

有福同享

好吃的東西不要自己獨吞

打開電視，觀看各種無論是灑狗血還是令人拍案叫絕的電視劇，只要涉及到兄弟結拜，必定會有這麼一句話：「有福同享，有難同當！」的確，如果要你定義一下何爲兄弟，何爲好朋友，那麼「有福同享」無疑是其中很重要的一項考核標準。

想一下這樣的情景：你有一個自私自利，「有難同當，有福不同享」的朋友，捅了婁子，第一時間就想到你，而有什麼天上掉餡餅的好事卻完全不知道你姓什麼，這樣的損友相信你一想到就會頭疼，這樣的朋友你會幫助他嗎？顯然不會。

有福同享，更多的時候展現的是一個人的責任與品質，在他失意的時候，因爲本身就一無所有，所以與人分享也沒覺得有太多損失，而在他春風得意，賺的盆滿瓢滿的時候，還能慷慨的讓他人分一杯羹，就能展現出他的人格魅力和品質來。這樣的人，就如同一塊磁鐵一樣，能吸引更多志同道合的朋友到他身邊，總而越變越強。

所以說學會和他人分享是種智慧，更是讓我們變的更好，更強的一把鑰匙。

俞敏洪的新東方辦到一定的規模時，需要得力助手。這時候，他帶上大把美元到美國去大把大把地花錢，目的是為了讓同學明白國內也有錢賺，於是五個同學跟著他回國了，然而這幾個同學卻不是因為金錢的誘惑，他們回國的理由卻是那麼簡單：俞敏洪，衝著你大學時為我們裝了四年開水，我們知道，只要你有飯吃，就不會讓我們喝粥。

俞敏洪講過這樣一個故事，假如你有六個蘋果，你會怎麼分？是分給同伴五個留給自己一個呢，還是留著自己慢慢吃呢？如果你分了五個蘋果，表面上看你失去了蘋果，可實際上你得到的是友誼。還有，你給人家蘋果，哪一天人家有香蕉有草莓，自然也會分給你一份。那麼，你還將得到多種不同口味的水果。而假如你將蘋果留給自己慢慢吃，表面上看來你什麼都沒失去。可實際上，你虧大了。

懂得分享的俞敏洪沒有讓信任他的同學失望，跟他回國的每一位同學，都在事業上獲得了更大的成功。

學會與他人分享自己的果實，讓他人能從你身上得到好處，別人也才會投桃報李，在關鍵時刻給予你想要的支持。其實很多時候不獨吞「好吃的東西」，去獲取他人的支持，也是讓自己獲益的一個途徑。

一個成功的企業家在接受記者採訪的時候，講述過這樣的一個故事：

「在三年前，我用盡渾身解數，動用了所有人脈，接到了一個國家重點扶持的科學技術專案，如果這個項目能夠順利做出成果，不僅我們公司能夠獲得一大筆收入，而且我們還能在業內奠定自己的領先地位。

「然而，我們實在太樂觀了。這個項目裡面不僅涉及到很多尖端技術，而且需要很多資料。並且，客戶給我們的要求是在短短三個月的時間內要做出來。

「當手下把這個情況報給我的時候，我有兩個選擇：第一，是找大量的外包小公司來幫我們採集資料和分析，但後果是項目結果肯定不太理想，第二，就是找一個實力和我們接近的公司，聯合開發，後果是我們會失去對這個專案的獨佔權。

「說實話，我也經過了痛苦的抉擇，是保證品質，還是保證自己的壟斷優勢呢？

「最終，我選擇了和我當時最大的競爭對手合作，因為我相信他們公司的實力和效率。當時他們公司的老總也很驚訝，不過他很快就理解了我的苦心。於是我們兩家企業攜手，最終在規定的時間內完成了這個項目，還獲得了國家的認可和獎勵，我們兩家公司都獲得了自己想要的資源和報酬。」

這個企業家主動謀求和自己的競爭對手合作，看似是將自己的果實拱手讓人，但其實是達到了雙贏，壯大了自己的力量。倘若他守著自己的一畝三分地不放，不僅訂單完不成，還砸掉了自己的招牌，這又是何苦呢？

有福同享才能雙贏。人不要總想著自己，在你只注意自己的時候，實際上你就會失去的更多，別人也會對你不聞不問。當你冷漠一個人的時候，別人也會同樣的冷漠你。敢於和他人分享自己的碗裡的果實，是人生的一種豁達，更是人生的一種智慧。只有分享自己擁有的東西才可以凝聚他人，學會分享，我們能結交更多的朋友，獲得更多的資源，人生才會更加精采。

看起來最俗的人
或許是最不俗的人

面對意外的驚喜，多數人的反應都是一樣的，那就是發自內心的激動和驚喜。

當何芳收到了集團總部年終晚宴的邀請函後，她也激動的一整晚翻來覆去的睡不著。這個邀請函對於她這個剛剛畢業的新人來說，真是莫大的榮耀。要知道在這個晚宴上不僅有集團裡各個公司的傑出人才，還有社會各界名流，毫不誇張的說，能參加這個晚宴是某種程度上身分上的象徵。

晚宴一定要穿著正裝，可是自己卻沒這個經驗，於是她買來不少時尚雜誌，加上網路搜索，才明白了所有要注意的禮節。「這是一個好好表現自己的機會！」想到這裡，一狠心，她花了一個月薪水買了套漂亮的晚宴正裝。看著鏡子裡「雍容華貴」的自己，她滿意的笑了。

晚宴的時間很快來到了，何芳婀娜多姿的出現了晚宴現場，立刻成為了晚宴的焦點，不少帥氣的青年才俊都主動過來和何芳打招呼，聊一些年輕人感興趣的時尚話題。

不過，何芳的目光很快被晚宴裡的一個「異類」所吸引，這個人三十多歲，其貌不揚，更加奇特的是，他上身居然只簡單的穿了一件T恤，下身一條牛仔褲配上休閒鞋，在周圍人正裝的襯托下，顯得特別刺眼。

「這個人，怎麼混進來的？」旁邊一位男士微微皺了皺眉頭，一臉鄙夷和詫異。看到這一幕，何芳腦子裡忽然閃出一個典故，那就是美國著名的投資人巴菲特，為了表示對主流社會的鄙視，常常故意在一些比較正式的場合表現得類似一個鄉巴佬。

「難道？」這個念頭一產生，聰明的何芳就明白這個「異類」要麼就是最有實力的，要麼就是最沒實力的存在。她能在第一年成為優秀員工，並不是靠運氣，而是靠著自己聰明的頭腦和高效的執行力。於是，不顧周圍幾個年輕人詫異的眼神，她信步走向了這個獨自站在一角的「異類」面前，而這個奇怪的男士也微微一笑，主動迎了過來。

很快，兩個人便攀談起來，這個人的幽默風趣逗的何芳咯咯直笑，而何芳年紀輕輕但卻博聞廣識的言語也讓這個男士欣賞不已。當晚宴結束的時候，兩個人已經成為可以談天說地的朋友了。

故事說到這裡，相信各位讀者都看出了，何芳是個聰明的女孩，因爲她從「大俗」中看到了「大雅」，從「最俗」中看到了「最不俗」。因此她是這個社會中鳳毛麟角的聰明人。絕大多數人都看不到這點，他們只會希望自己被人稱爲一個「雅士」，而不是被稱之爲一個大老粗。

然而什麼是「雅」？什麼是「俗」？這是文明時代才有的分野。野蠻時代的人，赤身裸體，茹毛飲血，火都不會用，衣服都沒得穿，哪有什麼「雅」可言？

後來，人類進步了，物質變得豐富，精神也有了要求。衣食住行，都不同於野蠻時代。比方說，吃飯要用餐具，不能用手抓；公共場合要穿衣服，不能赤身裸體；說話，也有了禁忌，不能動「粗口」、說「髒話」。這些講究，就叫「文明」，也叫「文雅」。特別講究的，則叫「高雅」。相反，則叫「俗」。特別不講究，就叫「低俗」。

低俗，高雅，一高一低，就有了價值的判斷——雅是好的，因爲代表文明；俗是不好的，因爲代表野蠻。於是，雅，就成爲主流，成爲方向。俗，則成了上不了檯面的「狗肉包子」。這也許就是現代許多人要假裝「雅」，或包裝「俗」的原因。其實還有個說法，那就是，大俗即大雅。我們看到那些俗到極點的人往往是真性情，也正因爲「只有俗」，它就不能叫「俗」，只能叫做「真」。

回過頭，再說何芳後來的際遇。

男士臨走前遞給了何芳一張名片說：「有空可以一起再出來聊聊天，今天晚上是個奇妙的晚上。」何芳優雅的揮手道別，然後一看名片，驚訝的捂住了嘴，名片上的頭銜赫然是集團美國總部高級經理。

懷著激動的心情，何芳回到家裡一搜尋，原來這個男士，名叫林易，為人不拘禮節，以蔑視上流社會著稱，但是年輕有為，不僅擁有令人側目的耶魯大學經濟學博士學位，還被評為未來最有可能成為商業領袖的二十位未來之星。

看到這裡，何芳終於忍不住捂著嘴笑了出來。

貌似最俗的人，其實也許就是最不俗的人，何芳透過自己的聰明判斷，從不尋常中找到了突破口，在這些男士中找到了最有潛力的那個。

林易，與其說是他俗，不如說是他擁有著強大的自信，只有真正強大的人，才會不用看他人眼色，按照自己的生活方式活著。

當然，對於我們普通人來說，不用刻意去「大雅」，或者「大俗」，而是尋找一個中間點。雅俗共存的最佳狀態，還不是「雅俗並立」，而是「雅俗共賞」。雅俗共賞的結果，是「雅人」和「俗人」都能得到滿足。雅俗雙方，也能得到「優勢互補」——雅能因俗而生動鮮活，俗能因雅而脫胎換骨。

這就不僅是「和平共處」，而且是「互利雙贏」了。用《周易》的觀點看，就是「陰中有陽，陽中有陰」；用《老子》的話說，則是「禍兮福之所倚，福兮之禍所伏」。這就不但可以統一，而且可以轉化，也必然會轉化，即「你變成我，我變成你」。

人在江湖漂
哪有不挨刀

如今的這個社會，很多人奉行金錢至上，難得糊塗益身心。吃虧不免難受，但又何必自己苦自己，不妨裝裝糊塗，才有安然平順的心情。

大學畢業就要租房，一個年輕人和幾個同學尋覓了很久的房子，終於看上了一間中意的房子，仲介一引薦，房東自稱當過兵，是直爽人，不會做生意。聽到這樣的話語，這個年輕人心中也就漸漸放鬆了警惕。

在談價格時，房東抽了根菸，一揮手，大方的說大部分新傢俱都留給他們，不會帶走。看到老房東如此直率，涉世未深的年輕人也在價格上做了最大的讓步，表達了自己的誠意，當做是傢俱的補貼。在簽訂合約時，由於零散的傢俱太多，仲介沒有把所有歸屬的物件寫齊全，這個年輕人也覺得無所謂，畢竟是當著大家的面達成的協議，老兵總不會騙人吧！

可是在交屋的時候才發現，這位「淳樸」的老兵已經把合約上沒註明的傢俱都搬走了，當然包括承諾留給這個年輕人的。如此出爾反爾，讓這個年輕人非常憤怒。找到房東對質，房東很是理直氣壯：「按合約辦事！」

看到房東之前一臉正直，而現在奸詐的嘴臉，年輕人真心感到無語，不是心疼那些傢俱的錢，而是為自己的一廂情願和善良所傷心。

他不是當過兵嗎？他不是應該講誠信的嗎？我的真誠怎麼換來的是欺騙？年輕人猛的打了個寒噤：難道彼此間的信任，真的只局限於白紙黑字之中嗎？徘徊於氣憤與無奈之間，感嘆人與人之間的信任竟是如此的脆弱，年輕人和幾個同學氣的晚飯都沒有吃。

「人在江湖漂，哪有不挨刀，常在河邊走，哪能不濕鞋。」社會越來越浮躁的今天，各種騙子和騙局也是層出不窮，因此也有人戲稱，不少人的智慧都用在了坑蒙拐騙上面了。

後來，還是媽媽的一席話，為他撥開了頭頂的烏雲。「傻孩子，吃虧是福。經一事，長一智嘛。」

聽了媽媽的話，年輕人心想，我為什麼要拿別人的錯誤來懲罰自己呢？暫時吃虧卻能換來珍貴的歷練，這或許也是人生的一筆財富吧。

透視「虧」後的「福」，吃虧不虧，惜福得福，做人何必太在意一時的得與失，把「吃虧」看成「得福」也是未嘗不可。

而因為有了這次的教訓，年輕人在生活和工作中多長了個心眼，做事滴水不漏，再也沒出現這樣類似輕信別人的錯誤，過了幾年，年輕人由於踏實穩重，還被提升為主管，還被邀請在公司年會上作報告。

在大會上，這個年輕人給會場上幾百人講述了自己這個故事，在發言的結尾，他頓了頓，帶著一些感激的語氣說到：「現在，我還很感謝那個房東，以前的我很單純，很馬虎，他的教訓讓我快速成長起來了。」語畢，全場響起響亮的掌聲。

同時，「吃虧是福」，這是人生的一種達觀大度，其中包含著極爲豐富的人生哲理，需要人細細咀嚼，更要努力實踐。若能做到，人生定有一道有滋有味的亮麗的風景線，其樂融融，其福無窮。你若不信，不妨試試。

寧願得罪十個君子
也不得罪一個小人

俗話說，明槍易躲，暗箭難防。光明正大的對手，堂堂正正的對決，你還可以精心準備來迎戰，而站在黑暗中的對手，會讓你防不勝防，他們只需要偷偷的使下絆子，你就很有可能栽得鼻青臉腫。

因此，得罪君子並不可怕，可怕的是得罪小人，要想過上安穩的日子，不必每天你爭我鬥，就必須遠離小人，不得罪或少得罪小人。

縱觀人類發展歷史，庸碌小人並沒什麼真才實學，卻憑著能把黑的說成白的、把死說成活的本領，從而「春風得意馬蹄疾，一日看盡長安花」。有句古話說：「學做事必須先學做人」。自古以來，會做事的終究不如會做人的，四處碰壁、歷盡坎坷的必定是不懂人情世故，孤芳自賞的君子；飛黃騰達的則多是左右逢源，見風使舵的小人。

有人說：「和君子打交道易，和小人打交道難，和有才之小人打交道更難，和身居重要崗位與擔任領導之小人打交道則難上加難。」儘量不要和小人打交道，敬而遠之。就是古人說的：「近君子，遠小人。」實在避免不了就虛以委蛇，不要得罪他們，否則，你的災難就在眼前，說不定讓你付出巨大的代價。

無論是生活還是職場中，小人陷害永遠是最讓人頭疼的事情。人家說「女孩的心思你別猜」，其實換成「小人的心思你別猜」似乎更加貼切一些。小人之所以被稱之爲小人，就是因爲他們爲了實現自己的利益而不擇手段，面對這樣沒有節操的對手，相信就算是聖人轉世，也會頭疼。特別是在現代競爭激烈的職場中你越優秀，爬的越快，踩下去的人自然也就越多，遭人暗算的可能性也就越大，因爲你不知道你在什麼地方就無形中開罪了對方。

其實，小人的狐狸尾巴我們還是可以透過生活中蛛絲馬跡判斷出來的，比如以下的幾種人，就很可能是小人，一定要密切注意：

一、嫉妒心強的人

「人比人，氣死人。」在生活中，那些對別人的榮耀和成功過於在乎的人，都可能會產生嫉妒心理。在嫉妒心理的驅使下，他們可能會不擇手段來對付別人。

二、勢利眼的人

雖說人都有著「攀龍附鳳」的本性，但勢利眼的人卻見風使舵的太快了！頭一天也許還和你談笑風生，但一旦你失勢，他立刻給你一副冰冷的嘴臉，然後另尋高枝。

三、喜歡造謠生事的人

他們把造謠生事當成家常便飯一樣，樂此不疲。爲了達到自己的目的，不惜誹謗別人，詆毀別人的名譽。他們還喜歡挑撥離間。爲了達到謀取個人利益的目的，通常會使用離間法挑撥朋友之間的感情，好從中坐收漁利。

四、擅長拍馬屁奉承的人

這種人嘴甜如蜜，善於恭維別人，拍馬屁，恭維的人家每個毛孔都舒舒服服，從而達到自己加官進爵的目的。

有句老歌，是這樣唱的：「借我借我一雙慧眼吧，讓我把這紛擾看的清清楚楚，明明白白真真切切」，這歌詞用在本文中也異常貼切，因爲我們的確需要一雙慧眼，這樣才能識別小人，提防小人，遠離小人。

資源多的人

喜歡與志同道合的人分享

物理學中有一個能量守恆定律，那就是能量不會消失，而只會從一種形式變成另外一種形式。其實，將這個道理應用到我們的生活，你會赫然發現，其實這個定律也在某種意義上是成立的。比如資源多的喜歡和能對等提供相應資源的人在一起，而當這樣的人數到達一定程度時，就形成了所謂的圈子。也許，這樣的結論很殘忍，但是試想一下，刨除虛榮、責任等等意外因素，從交易的本身來說，如果你擁有大量的金錢或者顯赫的權力，你是願意和同檔次的人交往呢，還是喜歡和那些總有求於你，比你弱的人在一起呢？

從國中開始，阿磊、王一夫、陳立三個人就是形影不離的好朋友，他們家也住的不遠，常常一起做作業，一起嬉戲。阿磊喜歡文學，發誓要成為一個出名的作家，王一夫則喜歡看歷史故事，想成為一個替天下老百姓做主的大官；陳立則想賺大錢，想買什麼就買什麼。他們約定，要成為一輩子的兄弟。「好兄弟，講義氣！」他們肩並著肩，喊出了這樣的豪情壯語。

就這樣，從高中到大學，再從大學進入社會，他們的友誼都沒因為歲月的腐蝕而失去成色。

大學畢業後，他們都向自己的夢想奮進著，陳立投身於金融業，成為商界新貴；而王一夫則考上了公務員，成為了一個實權部門的一員，阿磊決定繼續追求自己的作家夢，去了一家出版社當編輯，平時還進行一些文學創作。

生活的壓力、現實的煩惱，讓這三個好兄弟見面的時間越來越少，一個週末，忙完工作的阿磊給陳立打了個電話：「立哥，找個時間約一下啊！我們三個又幾個月沒見面了！」

「忙啊！磊子，我這天天開會呢！不過我前幾天和一夫吃了個飯。」

「怎麼不約我，這麼沒義氣！」阿磊有些詫異，他們一起吃飯居然沒找自己。

「不是，我有一個案子，公文一直下不來，我請一夫幫我處理一下！沒聊別的，所以就沒叫你，你這大文人，也一天到晚忙啊，呵呵。」陳立趕緊解釋，還順便打趣一下阿磊。兩個人又聊了會，這才掛斷了電話。

雖然兩個人還是和以前那麼親熱，那是阿磊心中還是有一些鬱悶，因為他感到，他們三個人的友誼已經沒有以前那麼純粹了，開始摻雜了一些利益關係。

這樣的情景，在你生活中是否也發生過呢？如果你是文中的「阿磊」，那麼你得注意了，因爲你在你朋友圈裡漸漸掉隊了。純潔的友誼似乎只能沒有利益衝突的年少時出現，而隨著人年齡的增長，友誼已經不那麼純粹。

每個人都期望找到有利用價值的朋友。你手裡的資源越豐富，身上可供人利用的地方越多，證明你越具有價值，而當你越有價值，就越容易建立強大的人脈關係——在某種程度上說，這就是人脈的真相。所以，當你開始盤點自己的人脈關係之前，請先冷靜地問問自己——你對別人有利用價值嗎？

阿磊的感覺沒有錯，隨著時間的流逝，他們三個雖然還是好哥們，但是明顯陳立和王一夫要更親密一些，阿磊這才開始明白，自己一個靠文字吃飯的人，自然沒有雄厚的資本和引以為傲的人脈，除了本身友情沉澱以外，自然很難吸引陳立和王一夫。而陳立和王一夫，一個商，一個政，自然一拍即合，互相幫助的地方更多。

猶太經典《塔木德》中說：「和狼生活在一起，你只能學會嗥叫，和那些優秀的人接觸，你就會受到良好的影響，耳濡目染、潛移默化，漸漸成爲一名優秀的人。」還有一句類似的話：「近朱者赤近墨者黑」，這句話的確是人類社會的「金科玉律」，放眼我們四周，這樣的情況也非常常見，每個圈子裡交往的人層次、品味、愛好都明顯不一樣。

所以，如果有可能，我們要與那些資源多的人、優秀的人交往，這樣可以讓我們學到更多東西；並且一旦進入了某個圈子，你還得努力進步，讓自己變強，否則你也會尷尬的發現，自己不知不覺就被淘汰出去了。

有些人脈會打通你的前程

有些人脈卻會掐死你的命脈

關於人脈兩字，有太多文字說明它的重要性了。有一句歌詞唱得好，「千金難買是朋友，朋友多了路好走」；同樣，還有句俗語：「在家靠父母，出門靠朋友。」這都說的都是人脈。

人脈就是人際關係網，就是你結交的好人緣，就是你在需要時，可以毫不猶豫開口求助的那些人。在如今這個社會，孤膽英雄已經是過去式，只有團隊才能生存下來，就算想成爲英雄，也應該成爲站在巨人肩膀上的英雄。

看到這裡，也許性急的你一拍腦門，恨不得現在就去結交點朋友，網羅點人脈——等等，先別急，我話還沒說完呢。

就如同哲學課裡所說，同一枚硬幣都有其不同的兩面，人脈也不一定總能給你帶來好處，有些人脈如同黃金般寶貴，有些人脈卻如同毒藥般害人。並且，有些人脈可能讓你先嘗點甜頭，讓你情不自禁陷進去以後，才幻化出血盆大口，將你吃的連骨頭都剩不下。

小高是一家投資公司的負責人，為了經營好自己的這家公司，他可謂是殫精竭慮，費勁心機。在當今的社會環境下，做投資，就必須和政府主管部門打好交道，為了拉攏這些關係，小高花了不少心思。

招商局朱局長沒什麼別的愛好，就喜歡收藏名人字畫，平時工作之餘也會舞文弄墨，常以文化愛好者自居。瞭解到這個消息後，小高一狠心，花重金從外面買了一位大師的真跡，然後透過仲介人介紹，親自呈給了朱局長，朱局長一番欣賞後，自然是愛不釋手，對小高費的心思也是頷首讚揚。

透過朱局長的牽線搭橋，小高很快做了兩個大案子，這讓他喜上眉梢，起碼自己的公司一段時間內不愁現金周轉了。不過，後面的事情，卻又讓他始料未及。

「小高啊，這次局裡組織去國外考察，我想你是我們市的傑出企業家，也隨團一起去吧！」朱局長親自給小高打了一個電話，雖然有些受寵若驚，不過多年的商界搏殺，也讓小高從朱局長的話中嗅出了一絲不同的味道。

小高的預感沒有錯，果然在國外每一站開會結束後，朱局長就會提議出去看看當地的民風民俗，而小高也只有當成貼身小祕書陪伴在他周圍，在這期間，有什麼看上眼的古玩字畫，最終都是小高買單結帳。

雖然心疼，但為了以後的資源，小高還是痛快的買單付帳了。朱局長也比較知道投桃報李，回到局裡，又給小高批了幾個項目，算是給他的補償。

然而，好景不長，隨著他人的舉報，朱局長被展開了調查，很快他的問題開始浮出水面，而小高也受到牽連，那些古董字畫一下成為了鐵證，讓小高無言以對。

小高可謂是成也人脈，敗也人脈。朱局長這條人脈，在他還在位，手握大權的時候是金脈，讓小高的公司風生水起。而一旦深陷囹圄之時，這條人脈又成為毀掉事業的毒藥。

「生時靠人帶，死時靠人拜」，人際關係的重要性如此重要，因此讓我們不斷去尋找對自己有利的資源，十分注重「人情關係」，然而，在尋找「貴人」，打造人脈的關係時，一定要清醒明確，不要爲了短暫和眼前的利益而毀掉自己一生的事業。

這個挑選過程的確很難，畢竟很多事情有時候是超出我們的掌控之中的，不過在當今社會，有一點你起碼得記住，那就是倘若這人脈讓你飛黃騰達的代價是做違法犯罪之勾當，我還是勸勸你，趕緊撒手吧，這種人脈，就算現在金燦燦的晃你眼，也遲早會變成你的索命繩。

一斗米養個恩人
一石米養個仇人

一個人饑寒交迫的時候，你給他一碗米，這就是解決了他生存的問題，他會感恩不盡，認為你是他的救命恩人；但是，你如果繼續給他米，他就會覺得理所當然了。一碗米不夠，二碗米不夠，三碗四碗還是不夠，甚至到後面還會對你不給他菜，而只給飯而憤怒。覺得你只給了你擁有的九牛一毛，滄海一粟。

因此，有這樣一句話，「一碗米養個恩人，一石米養個仇人」，說的便是這個道理。其實這種現象產生的罪魁禍首便是欲望。欲望就像海水，喝得越多，越是口渴。欲望，其實就是你靈魂中的癢。痛，還可以咬咬牙忍住，但癢呢，卻是越搔越癢的。

說起派達信公司，金融界圈子裡的人都會豎起大拇指，派達信的董事長兼創始人黃路不僅是個傑出的人才，還是個仗義疏財的大丈夫。他不僅喜歡做慈善，還堅持資助失學兒童和貧困家庭。

而現在派達信的不少員工都是當年受過黃路資助的學生，他們其中不少人都發自內心感激黃路，因為如果不是他的仗義相助，自己現在別說擁有一份體面的工作了，甚至連讀書都困難。

不過，這其中，有一個人對黃路的感情卻很複雜，那就是派達信業務部的經理王野。他最初也是接受黃路資助才進入大學，不過由於他學習成績優異，最後還被保送成為了研究生，研究所畢業以後，正是經濟形勢惡化不好找工作的年份，又是黃路主動邀請他來到自己的公司，並給了一個令人羨慕的高薪。

按道理，他應該對黃路感恩戴德，的確，一開始他對黃路確實是充滿感激的，可是當他進入公司以後，他才知道，原來黃路的實力如此之強，雖然之前也有所瞭解，但當親眼目睹黃路的產業時，目睹大筆大筆的金錢之際，他真的感到了震驚。

並且隨著工作時間的增長，王野的野心也越來越大，他已經不滿足於自己目前的級別和薪酬了，雖然他從基層員工提升到業務經理也不過短短幾年時間，但是對金錢、權力的嚮往蒙蔽了他的雙眼，他想得到更多。

面對王野越來越多的要求，黃路也感到無法理解，畢竟，王野還太年輕，還有太多需要磨礪的地方，現在滿腦子全是錢和權，未來還怎麼發展？

矛盾終於爆發了，在一次協調未果的情況下，王野怒而辭職，他拋下了一句狠話：「等著，我會讓你們公司嘗到苦果的！」於是王野跳槽到競爭對手的公司。

這件事讓不少派達信公司受過黃路恩惠的人感到憤怒，他們都覺得王野實在太忘恩負義了，如果沒有黃路的資助，王野連大學都上不了，何來今天？

這件事情，也傳到了黃路的夫人耳裡，在在一次吃飯的時候，她假裝不經意的問起了這個事情，黃路搖了搖頭，痛惜的說：「人的欲望和野心，真是無窮的。不過，我不會放棄慈善事業，不能因為一個人的不忠不義，放棄我對自己人生的追求。」夫人看著黃路，慰藉的抱住了他，再也沒說一句話。

其實發生在黃路身上的事情，在我們的生活中也有類似的情況。我們從小接受的傳統教育就是做人要有情有義，要明白「滴水之恩湧泉相報」的道理，因此我們是按照這樣的標準來要求自己。然而很多事情，很多人卻並不像我們期望的那樣發展。你隨手幫助的人，也許會記上你一輩子；而你含辛茹苦，付出心血來對待的人，也許最終形同陌路。

所以自己傾心相助的朋友離我而去時，我們苦悶並百思不得其解：雖然自己不圖回報，可事情不應如此，這到底是一種怎樣的道理？其實這就是因爲有些人的欲望是沒有極限的，你對他好，他卻會不斷索取，當你不堪重負想放棄的時候，最後卻是一拍兩散，不但無法相忘於江湖，甚至還成爲致命的仇敵。不過，正如黃路那樣，不能因爲他人的背叛和索取，而喪失我們的本心，我們活著是爲了自己，而不是爲了他人，堅持做那些對的事情，你就會無愧於心。

想當蝦米
就別怕被大魚吃掉

艾力克自小就是一個不墨守成規，敢於挑戰自己的人，大學畢業以後，他進入了一家知名的高新科技術公司擔任研發人員。初進職場，對於艾力克來說，一切都是新鮮和有趣的。不過「行有行規，家有家規」，這家公司由於集合了很多行業裡的菁英，因此十分講究排資論輩，新人沒熬個幾年，很難在公司裡有所作為。

聽到幾個比自己早一年進公司的人講述「血淚史」，艾力克不僅沒有被嚇到，反而有一些躍躍欲試，因為他覺得，作為一個行業裡知名的大公司，只要你有成績，就一定能脫穎而出。

很快，機會來了。一個很重要的案子交到了艾力克所在的專案組。大領導批示，必須在一個星期以內完成這個攻堅任務。艾力克摩拳擦掌，覺得這是個機會。

而在和他一組的小組長布魯斯已經進入這個公司五年了，是最喜歡壓制新人的一個老員工。

「布魯斯這個人心可黑了，你可別得罪他，不然他肯定要賤招！」這是同事們給艾力克的提醒，艾力克對這個人的行為也是心知肚明。

「艾力克啊，你把這個東西做完就直接給我彙報，要加快進度哦！」布魯斯官腔十足地說道。艾力克明白，這傢伙又想搶功勞了呢，不過正面頂撞上司顯然是不明智的，於是他微微一笑：「好的，布哥，我做好了就彙報給你！」

經過一個星期的熬夜加班，艾力克和同事們終於將專案做出來了，不過他多了一個心眼，基本上每天都用郵件給布魯斯和大領導彙報工作進度，而且在微博裡與大領導加了互相關注，還時常PO自己和同事加班的照片與吐槽。這樣一來，大領導也知道這個案子究竟誰在主導和負責了。

而布魯斯顯然不知道艾力克利用微博從側面證明自己的勞動果實，依舊在專案報告裡大談特談自己的功勞，大領導是什麼樣的人？什麼風風雨雨沒見過？他很快明白了布魯斯的問題。雖然沒有做什麼批示，不過，他在郵件裡特意提到了艾力克的名字，要求布魯斯多用下這樣有實力的新人。

由於大領導這邊「指名」了，布魯斯也不好怎麼壓制艾力克，而本身實力出眾的艾力克很快就脫穎而出，不僅出色的完成了幾個專案，還和同事們相處融洽，在年底還被評為優秀員工。

魚有魚路，蝦有蝦路，每個人的人生選擇、職場定位不一樣，扮演的角色也就不一樣，有句話說的好，既然是地球是運動的，每個人不可能總處於倒楣的位置。

小蝦米不可能永遠是小蝦米，也能有自己「張牙舞爪」的一天。當我們剛出社會，還是「小蝦米」階段的時候，雖然個頭沒有「大魚」大，但是要有敢和「大魚」爭天地的決心。

艾力克作爲一個「小蝦米」，卻沒有被布魯斯這樣的「大魚」嚇到，最終找到了自己的生存空間，並且最終也變成了「大魚」。作爲一個小蝦米，如果總擔心被大魚吃掉，那麼就真的可能馬上被吃掉；如果你有「初生之犢不怕虎」的精神，放手一搏，也許還能發展壯大。

其實，對於我們普通人來說，一開始都是可憐兮兮的小蝦米，隨著不斷進步，才能成長爲大魚。在這個過程中，保持不亢不卑，毫不畏懼的心態是很重要的。倘若一開始就失去銳氣，日後又豈能高歌猛進？

Live A better Life in
The Corrupt Society

為什麼那些無功無過的人地位最穩固

Lesson 2

功高蓋主

很可能倒大楣

在功績面前沾沾自喜，難以把持住自己，這是人類天生的弱點，也是招致災禍的常見原因；而保持冷靜的態度，謙虛處世、低調做人就會增大生活中安全係數，減少別人嫉恨和打擊你的可能。

經驗告訴我們，有時立了功，也許是件很危險的事情，特別是功勞比領導還大，這就更加不妥了，稍一不慎，讓領導覺得不爽，隨意給你安個「居功自傲」的罪名就能把你滅了，那些眼紅嫉妒你的人還會拍手稱快。所以一定要記住，萬萬不可以功高蓋主以後還耀武揚威，窮得瑟。

業務主管阿宏在一家著名出版社工作，由於工作出色，並且為人仗義，因此在部門裡上上下下關係都不錯，同時他還很有才氣，工作之餘經常寫點東西。因此很受領導器重，經過幾年鍛鍊以後，領導分派他去下屬的一個雜誌擔任主編。

在年度評比中，阿宏主編的雜誌在全國優秀刊物評選中獲了大獎，這讓他感到喜出望外，運氣來了，門板都擋不住，阿宏還被邀請去給宣傳戰線上的同仁做了發言。

從宣傳部回來之後，年少氣盛的阿宏有些按捺不住心中的喜悅，逢人便提，同事們當然也向他表示祝賀。但過了一段時間，他卻感到一種隱隱約約的危機感，他發現自己的直接領導似乎都在有意無意地和他過不去，並回避著他。

知道不對勁，卻不知道怎麼回事，阿宏有些丈二和尚摸不著頭，無奈之下，他只好請了部門關係還算不錯的老王吃飯，酒酣耳熱之後，阿宏端起酒杯，在席間向老王討教。

老王神祕的一笑，點撥了一下阿宏。其實原因很簡單，阿宏犯了「獨享榮譽」的錯誤，本來領導對阿宏這次取得的成績也很高興，可惜他這次去做發言，基本沒提領導的功績，就講了自己的一些心得，領導少了露臉的機會，自然不高興了。

「特別是你還年輕，領導這都快四十五了，再不爬就沒機會了，你這麼一拋頭露面，領導擔心你奪他飯碗啊！」聽完老王的分析，阿宏一拍腦勺，是啊，自己怎麼就沒有想這麼多呢。

當上司的人大多有點兒「武大郎開店」的心態，不希望下屬的才能高過自己。阿宏得到榮譽後，犯了「功高蓋主」的錯誤，只突出自己的作用，卻忘記提到上司的提攜，上司自然會很不高興。其實，在平時的工作中，優秀而有實力的人來到一個部門，上司有了一個能幹的手下是一回事，私下裡憂心忡忡又是另外一回事。畢竟上司之所是上司，是因為他所在的位置決定的。他擔心的是自己某一日會不會被擠走，如果是一位平庸之輩，他反而會高枕無憂。

得到老王點撥的阿宏在翌日上班的時候，專程去了趟領導的辦公室，一見到領導，便「滿臉沉痛」的負荊請罪，領導自然一臉高深莫測，表明不知道阿宏究竟為何事而來，最後阿宏拍著胸脯給領導保證，自己永遠是領導手下的一個兵，永遠離不開領導的栽培和照顧，最後領導微笑著和阿宏有一搭沒一搭的開起玩笑，阿宏內心深的那塊大石頭也才落了地。

做臣下的，最小弟的，最忌諱自伐其功，自矜其能。凡是這種人，十個有九個要遭到猜忌而沒有好下場。讀過歷史書的都知道，當年劉邦曾經問韓信：「你看我能帶多少兵？」韓信說：「陛下帶兵最多也不能超過十萬。」劉邦又問：「那麼你呢？」韓信說：「我是多多益善。」這樣的回答，劉邦怎麼能不耿耿於懷？這也爲一代名將韓信的最終命運埋下了伏筆。

自以爲有功便忘了上司的人，特別容易招惹上司嫉恨。自己的功勞自己宣揚雖說合理，但卻不合人情的捧場之需，並且是很危險的事情。把功勞讓給上司，是明智的捧場，穩妥的自保。

所以，與領導相處的哲學就是該裝「笨」的時候不妨裝一下；該將功勞讓給領導的時候絕對不要猶豫，以免上司覺得自己的地位受到了威脅。同時，如果你渴望取悅領導、令他印象深刻，就一定要掌握好這個度，不要過分展現你的才華，否則，有可能產生相反的效果——激起領導的畏懼和不安。只有讓領導心靜如水，你的事業也才能波瀾不驚的發展，你才能一步一步發展，最終主宰自己的命運。

讓別人做主角
自己甘願跑龍套

無論是問一個懵懵懂懂的小孩，還是問一個垂暮之年的少年，在人生的舞臺上，究竟是願意當主角還是配角？相信大多都會眼睛發光，堅定地回答是主角。

雖然人人都想做主角，但主角並不是那麼輕易就能做的，主角需要經歷太多的矛盾，鬥爭，以及流言和蜚語，而配角則要容易的多，沒有太多目光的注意，活的也可以輕鬆自如一些。並且主角沒有配角的村托也就不再是主角了，主角的確很重要，配角也是必不可少的存在。

所以，如果一個人能做到萬事讓人先，自己做一下配角，那麼用腳趾也能想出來，他的人際關係一定非常好，因爲每個人心中都有主角的影子，尤其是在一些關鍵場合，如果有人願意當綠葉，烘托出你這朵紅花的美，相信你在有面子的同時，也會對這個「配角」心有感激。

周星馳的電影，是七〇、八〇年代人們美好的回憶，不光因爲裡面有周星馳精湛搞笑的表演，也還因爲裡面那些讓人忍俊不禁的配角，比如陳百祥、吳孟達、羅家英等等星光熠熠的黃金老戲骨。正如尹天仇在《喜劇之王》裡所說：「臨時演員也是演員……雖然你們是扮演路人甲乙丙丁，但是一樣是有生命，有靈魂的。」沒錯，不光那些黃金配角，其實那些在周星馳電影你可能名字都叫不上的龍套們，也都會迸發出不一樣的光芒，或者會震得你七昏八素，或者會讓你笑得撕心裂肺，儘管有時候他們只是露出那麼一小臉，但已足以名垂「星」史，笑傲群雄了。這些配角並沒有因爲是配角而被人忽略，反而在人們頭腦中留下了深刻的影響，從某種意義上來說，他們和周星馳一樣，獲得了觀眾的認可。

紅花還需綠葉配，沒有配角的村托和映襯，又怎麼會有主角炫目奪人的表演呢？正如喬丹與皮蓬。他們共同創造了公牛王朝，無人不知叱吒風雲的喬丹，皮蓬卻並沒有家喻戶曉，但缺少了皮蓬，公牛王朝註定只是一個天真的夢。正是在皮蓬無私的輔助下，才使得公牛王朝美夢成真，造就了神一樣的喬丹。

而在關鍵時刻，甘於當配角往往被視爲一種奉獻精神，一個處處爭當主角的人，也會讓人覺得不夠成熟，虛榮輕浮。社會競爭日趨激烈，一個人要想立於不敗之地，是要有「敢爲天下先」的勇氣和魄力的，但同時也需要「退一步海闊天空」的韌勁和智謀。人在競爭過程中，一方面是和事進行挑戰，另一方面則是和他人進行協作或挑戰，做事容易，但做人就比較難，這需要我們能屈能伸，更需要我們清楚何時屈、何時伸。

讓別人做主角，站在舞臺的正中央受到萬眾矚目，而自己卻默默無聞的當著配角，躲在角落裡無人問津——這樣的滋味的確不好受，但是年輕人要明白，沒有當配角的苦與澀，就不會有主角的甜與樂，並且配角是最安全的，沒有主角承受的諸多風險，畢竟「能力越大，責任也越大。」在自己還沒成長起來，先讓別人做主角，自己跑跑龍套，積累經驗，總有一天，會完成破繭而出的蛻變。

千萬不要傷別人的面子

每個公司，每個集體都會有那麼一兩個刺頭，星海公司也不例外，嚴濤就是星海公司裡最讓人頭疼的刺頭。

嚴濤這個人，說好聽是心直口快，說的不好聽，就是情商很低，喜歡出風頭，口無遮攔。因此，嚴濤在單位人緣不是很好，不少人都對他頗有微詞，而嚴濤本人卻不以為意，覺得這是一種特立獨行，他人的批評是他人的羨慕嫉妒恨，所以嚴濤在公司呆了不少日子了，不僅職位原步踏步踏，薪酬也一直沒變化。

新來的部門主管馮萍在和之前的部門主管交接工作的時候，瞭解打嚴濤的情況，心中也有了一個譜。「這個人沒皮沒臉的，我們都不怎麼待見他，你也別和他客氣」，前任主管似乎一提起這個人就來氣，開始沒頭沒腦地數落起嚴濤來。

馮萍微微怵了怵眉頭，沒想到自己新官上任，就有這麼一個硬骨頭等著自己來啃。一進辦公室，馮萍整理了下心情，而前任主管也對著埋頭於工作的新同事們拍了拍手，將馮萍引薦給了大家。

沒有過多的說明，馮萍微笑地講述了下自己的經歷，然後要求大家繼續手頭上的工作。「哎，馮主管，我有個意見不知道當說不當說。」果不其然，嚴濤又開炮了。

「嚴濤，你做什麼呢？」前任主管一下子怒了，喝斥道。

「沒事，你說吧。」馮萍臉色平靜地對著嚴濤說到。嚴濤嘿嘿一笑，說到：「馮主管，我們這種銷售部門，可是需要應酬的，您是個美女，估計喝酒什麼的不太行吧！」

「的確是的，所以以後需要拜託各位男同事了！」馮萍面對如此挑釁的話語卻沒有生氣，「不過我倒是要考驗考驗各位的酒量，這樣，下班了，望江樓見吧！我請客！」其他同事本來以為又要見到一齣好戲，孰料新主管居然不僅沒和嚴濤對嗆，居然還請同事們吃飯，這實在是稀奇。

而在酒桌上，更讓其他同事吃驚的是馮萍的酒量，只見她滿滿的倒滿一盅白酒，徑直走到了嚴濤面前，「嚴濤，你年紀比我大，我叫你濤哥你不會生氣吧！」嚴濤顯然沒料到新主管會給自己這麼大的面子，也趕忙站起身來，「客氣了，客氣了，馮主管。」「濤哥你在部門時間最久，資格最老，以後小妹有什麼做的不對的地方，還需要你多加指點，小妹我先乾為敬。」只見馮萍一仰頭，將一盅白酒喝的乾乾淨淨，看的眾人是目瞪口呆。嚴濤這個時候感覺自己特有面子，也一口清了杯中的白酒。

搞定了最麻煩的嚴濤，其他同事自然也不在話下，酒過三巡之後，馮萍已經和部門所有同事打成了一片。而嚴濤更是覺得終於來了一個賞識自己的領導，也非常興奮，這個飯局也以大家都眉開眼笑而結束。

「我沒有權利去做或說任何事以貶抑一個人的自尊。重要的並不是我覺得他怎麼樣，而是人覺得他自己如何，傷害人的自尊是一種罪行。」一位作家如是說。

的確，做任何事情，都要講究藝術。在處理事情的過程中，如果發現對方的做法和自己的要求不符，可以透過一些很藝術的辦法來解決，這比簡單粗暴的傷害他人自尊，讓別人下不下來台好得多。

畢竟有些人面對直接的批評會非常憤怒，因爲他們覺得這樣自己沒面子，這時，就要間接的提示，這樣做有時候會有非常神奇的效果。

在以後的工作中，馮萍也常常聽取嚴濤的意見，其實對於嚴濤來說，他要的是一個存在感，馮萍也就恰如其分地給足了他面子，這讓他十分受用。於是乎他還十分配合馮萍的工作，並且其他同事偷懶的時候，他還會以一副管理者的形象出現，督促大家好好工作。公司領導也對嚴濤的轉變感到十分驚訝，紛紛讚揚馮萍的指導有方。

馮萍是個聰明人，面對嚴濤這種老油條，並沒有針鋒相對，而是聰明的採用懷柔政策，利用拉關係來軟化嚴濤這種刺頭，並且在眾人的面前給足了嚴濤面子，嚴濤自然也就沒這麼意見和牢騷了。收服了嚴濤，馮萍處理起部門事務也就更加得心應手，業績也是蒸蒸日上，得到了公司大老闆們的誇獎和讚譽。

面子，是人情社會的通行證。人畢竟是感情動物，再不好相處的人你只要給他面子，相信他也會敬你三分，更何況大多數人都是明白人，你給他面子，他也會正向回饋你。

所以說，傷什麼都別傷人面子，只要面子，人情在，其實人和人的關係不難，處理好了人際關係，事業和工作也就成功了一半，還有什麼可擔心的呢？

恩要自淡而濃 威需從嚴而寬

古人有云：「威宜自嚴而寬，先寬後嚴者，人怨其酷；恩宜自淡而濃，先濃後淡者，人忘其惠。」這句話的本意是：一個組織或一個人要樹立權威，從一開始就要堅持原則，對下屬從嚴要求，等到形成了良好的制度、文化和自覺性後，就可以寬鬆一些，因爲制訂制度的目的就是不要制度。如果一開始就放鬆要求，姑息遷就，然後再嚴厲的話，人們就接受不了，就會埋怨管理者殘酷。另外，向下屬施行恩惠宜由少而多，適可而止，循序漸進，如果一開始就施恩無度，先多後少，一旦把人們的胃口調起來後，就會把先前的恩惠忘得一乾二淨。

這句話啓示我們，管理是一門高超的藝術，需要講究策略，掌握技巧。施行恩惠，寬嚴要適度，先後要有序，因爲其產生的效果是有差別的。

說起速騰公司人力資源部的雷總雷一波，速騰公司的人都感到頭皮有些發麻，這個雷總不僅以嚴苛聞名，而且雷厲風行，非常果敢。而剛畢業的新人張思怡居然被分配給他當祕書，不少同事都為這個新人捏了一把汗。

張思怡在第一天就被雷一波給來了個下馬威，原來早上雷一波要張思怡統計出最近公司員工的出勤率，張思怡還在熟悉員工名單呢，誰知道下午雷一波便開口要結果，最後張思怡交不出來，便被雷一波一陣訓斥：「妳是怎麼弄的？這麼一個簡單的事情妳都弄不好，現在的大學生素質真是一屆不如一屆了。」張思怡臉一陣紅，一陣白，都不知道如何回答。「行了，妳也別杵這裡了，快回去繼續搞定這個事啊！」雷一波黑著臉，大手一揮，讓張思怡出去。孰料，也許是心理素質不行，也許是從來沒有挨過這樣語氣的批評，張思怡居然哇的一下哭了出來。

「妳看妳這個小女生，呵呵，妳哭什麼啊？」雷一波一看到張思怡哭的個稀里嘩啦，語氣也變得柔軟許多。「工作沒做好，就去改嘛，哭也解決不了問題的。」一番波折之後，張思怡紅著眼向雷一波保證下次自己一定努力改正，這次離開了經理辦公室。

不過，經過這次風波以後，張思怡明顯幹練了許多，工作也變得得心應手起來，她也漸漸摸清楚了雷總的脾氣，那就是工作上的事情毫不馬虎，眼裡揉不得沙子，但是，如果你能把工作保質保量的完成，他其實還是很好的一個領導。

就這樣過了接近一年的時光，雷一波忽然告訴張思怡一個好消息：「張思怡啊，這次公司內部競聘，我推薦妳去試一下行政部主管的位置，我覺得妳成長很快，而且很有耐心，非常適合這個崗位。」喜出望外的張思怡沒想到人見人怕的雷總居然肯推薦自己成為候選人，又驚又喜。而經過雷總魔鬼訓練一年多的她也在內部競聘中脫穎而出，順利的成為了行政部主管，開始了自己職場的新征程。而在以後的職場歲月中，張思怡一直將雷一波當做楷模和引路人，十分感激。

正因爲雷一波平時是以嚴苛著稱，所以當他施恩提攜張思怡的時候，才會讓張思怡如此感激；而同樣因爲雷一波早就名聲在外，所以剛開始就算雷一波的鐵腕政策也能被人們所理解，他有時候的平和也讓人感到受寵若驚。因此他的下屬才會愈發的尊敬和崇拜他，他的地位也就越加牢固。其實這個道理放之四海而皆準，從少變多，會讓我們感激涕零，覺得事情是向好的方向發展；而從多稍微變小點，就會讓我們心生不滿，覺得事情越變越差，簡直沒法混了。

所以掌握好這個心態的管理者，才能更好地管理和處理好我們周圍的事物。對他人施恩，對他人的好，要如涓涓細流，一步一步來，能一步到位也要慢慢擠牙膏，這樣對方才會體諒到這個恩情和好處的值錢之處，才會珍惜；而在管理下屬的時候，在開始的時候要嚴格，這樣才能確認自己的領導地位和權威，而在以後的時間裡，要學會恩威並重，軟硬兼施，這樣你的下屬才會感到人情味，才會對你心服口服。利用這樣剛柔相濟的辦法，你的盤子會越來越大，根基會越來越穩，他人就算想對付你，也無從下手。這個就是混社會的小技巧，熟練掌握它對我們自身事業的發展無疑是大有裨益的。

混社會的鐵律——對事不對人

人無完人，金無足赤。日常生活中，每個人都有可能出現錯誤，而如果在犯錯的時候，還劈頭劈腦的挨一頓臭罵，相信是誰也高興不起來。所以如果身居高位，成爲一個領導者就要學會善於處理手下的錯誤，做到對事無情，對人有義。對事無情是堅持原則，錯就錯了，要堅決處理；對人有義則反映了善於處理人際關係，做到不傷害他人的自尊，有謀事的手段和頭腦。

老曹是某公司的老業務員，一直勤勤懇懇，深受公司上下員工同事的信賴，可是在一次很重要的洽談合作中，他居然哈欠連天，連連打瞌睡，最後讓客戶非常不滿意，覺得柯維公司太不專業，最後拂手而去，不歡而散。這個事情發生後，高層震怒，業務經理更是氣的七竅生菸，將老曹喊到辦公室裡罵的狗血淋頭。熟料，面色蒼白的老曹在這暴風雨般的斥責下，悔恨交加，當場昏倒了。

經理立即讓人送老曹去醫院，並給他的家人打了電話，還詢問了老曹這麼萎靡虛弱的原因，原來老曹的父母最近都生病了，雙雙住進了醫院，老曹這麼忙上忙下，還熬過幾次通宵，因此身體十分虛弱，在談判桌上都打起了瞌睡，剛才甚至還暈倒了。瞭解到這個情況以後，經理當場拍板，給老曹家中送了三千元慰問金，並還帶了大大小小的禮品。老曹一家感激涕零，對公司的關懷十分感動。

經理擺擺手，有點惋惜的說：「老曹啊，不過按照公司規定，你這次造成的損失及其嚴重，公司決定扣除你今年年底的獎金。」一聽到這裡，老曹的臉色暗淡起來，經理拍了拍他的肩膀，沉穩地說：「公司的制度你不是不知道，我只能按規矩辦事，不能有一點例外。不過我可以在制度允許的範圍內給你半個月的給薪假，你好好安排家裡的事情了，再回來上班吧。」聽到經理這一席話，老曹的眼圈又紅了。

過了一段時間，老曹將家中的事情善後了便回到了公司，生活和工作又回到了正規，又成為了那個風風火火的核心員工。看到這一幕，經理心中也由衷的感到高興。

對事認真，對事無情。經理對於老曹所犯的錯誤以及連鎖引發的惡劣後果的處理，毫不留情；但瞭解到他家裡的實際困難，又展現出自己富有人情味，關心下屬的一面。這個故事的道理也適用於我們，比如你的同事，你的朋友有做得不對的地方，你就要從講原則的角度出發，該批評的就批評，該處罰的就處罰，這樣既可以做到一視同仁，也能對其他人起到警示的作用。

在生活中，很多人喜歡扮演鐵面無私的包公，眉毛鬍子一把抓，不僅對「事」不留情，對「人」也是不近人情。其實對於當事人來說，犯錯誤了本身就是一個鬱悶的事情，特別是很多時候，錯誤都是一些不可控因素造成的。在這樣的情況下，過於苛責當事人，只會激起別人的逆反心理，不僅於事無補，反而會讓事情變得更糟。要知道「順著毛摸，老虎也會聽話」，而如果你作爲管理者能站在一個更高的層面上去思考問題，對待下屬的錯誤能多一些體諒，不僅能收穫一個知錯而能改的下屬，還能收穫一個對你充滿感激的下屬，你的事業才能越做越大，越來越穩固。

一言以蔽之，要想在社會上如魚得水，就必須明白對事不對人的道理，其實這不僅是一種傑出的管理方式，也是一種高姿態的做人風格。

頭要不中斷的點
腳要不停歇的踩

騰飛公司總經理楊洪是個幹練有魄力的人，而在他治理下的騰飛公司，也顯得非常有效率。

「下個星期一，我們將召開中層領導和業務會議，請大家把上個季度的工作總結和下季度的工作計畫，請各位務必做好充分準備。」楊洪將郵件一一發送給了自己的手下，收到確切的回復後點點頭，開始思索下一步的工作安排。

對於忙碌的人們來說，時間總是過得異常的迅速。當星期一悄然來臨的時候，業務一區經理張致才發現自己早已經將開會的這個事忘記的一乾二淨，什麼都沒有準備。深知楊洪脾氣的他，只好帶著自己區的金牌業務員黃小波去了會場。

會議很快如火如荼的開展起來，面對其他同僚翔實的圖示和資料分析，張致感到一陣陣壓力，輪到他的時候，他只好硬著頭皮上去講了一會，更為倒楣的是，楊洪還對一區裡的業務情況提出了一些疑問，張致作為大區經理，本身就只負責宏觀上的業務，這次又沒有精心準備，自然回答的是結結巴巴，一度甚至冷場，正在他汗流浹背的時候，楊洪眉頭一揚，很不滿意的說到：「我看你是根本沒弄明白啊，你這個工作是怎麼做的！」張致尷尬的說：「當時手上事情特別多，結果沒來得及整理。」楊洪似乎想說些什麼，但又欲言又止，他清了清嗓子，對著其他人說道：「一區的情況有人清楚嗎？」一個人舉起了手，此人正是黃小波，只見他接過話筒，一番客套話後，將一區的工作脈絡清晰的講清楚了，顯然經過精心準備，最後黃小波還誠懇的將功勞歸結於張致的領導有方。楊洪贊許的看了看黃小波，對一區的工作提出了一些建議，於是會議又得以繼續進行了下去。

會後，慚愧的張致去找楊洪承認錯誤，楊洪半開玩笑半嚴肅的說：「張致，如果我告訴你皮帶斷了，你會不會說自己太忙，而不去換一條啊？」喝了一口水，楊洪頓了頓，「我在週五就通知了，你答應的很快，卻沒有落實，要不是你手下救場，我看你的臉往什麼地方擱。」張致點頭稱是，尷尬的離開了辦公室。

有人說，爲官要如騎腳踏車，頭要不中斷點，腳要不停的踩。它就是告訴我們，我們要言行合一，不光腦子裡清楚自己要做什麼，行動也必須跟上，切勿做誇誇其談，紙上談兵的人。

在職場中，我們不僅要心如明鏡，行動也一定要跟上，承諾是最容易的，而實現則需要付出心血和努力。張致面對上級領導的通知，雖然知道了這個事，也應允了，卻沒有放在心上，以至於什麼都沒有準備，所以當面對上級的詰難的時候，才會狼狽不堪，如果他能精心準備，也就不會在大會上出醜賣相了，與此相反，他的手下黃小波則精心準備做好了應對，這不僅讓黃小波本人出彩，也讓整個業務一區得以保存顏面。

任何老闆都喜歡言行合一的下屬，你不光語言上要回應和支援老闆，行動上也要支持老闆的謀劃和策略，這樣才能收穫老闆的信任，你的位置才能更加穩定，你的飯碗才能端的牢。

一張地圖，不論它多麼詳細，比例尺有多麼精密，絕不能夠帶它的主人在地面上移動一寸；一本羊皮紙的法禪，不論它有多公正，絕不能夠預防罪行；一個卷軸，絕不會賺一分錢或製造一個賺錢的字，行動，才是滋潤成功的食物和水。想法固然很重要，但實現想法的行動則更加重要。你可以用盡各種方法，告訴全世界，你有多麼優秀，你有多清楚，但是你必須透過行動，讓人在行動中認清你的成就。

做沒用的小事
往往最有用

人生無小事，每做一件事情實際上就是對自身素養、品行、學識進行一次修煉，千萬不要因爲小或者低微就鄙視它，放棄將使你失去了一次修煉的機會，也減少了一次提高的可能。

一個年輕人，起初只是心動汽車公司一個製造廠的臨時工，在有著「科技含量最高」之稱的心動汽車公司裡，三十歲就升到經理的職位，的確不是一件容易的事。那麼他是怎麼取得如此驕人的成績呢？

原來，這個年輕人就是從別人看起來最沒用的小事做起的，在做好每一件小事中獲得了成長，他高中一畢業就進入工廠了，由於學歷不高，他只獲得了臨時工的身分。工作一開始，他就對工廠的生產情形做了一次全面的瞭解。

他知道一部汽車由零件到裝配出廠，大約要經過幾個部門的合作，而每一個部門的工作性質都不相同。

他當時就想：既然自己要在汽車製造這一行做一番事業，就必須對汽車的全部製造過程都能有深刻的瞭解。剛好，他又只是臨時工，不同於正式工人，也沒有固定的工作場所，哪裡有零活就要到哪裡去。於是恰恰因為這個身分，李傳峰才有機會和工廠的各部門接觸，也因此對各部門的工作性質有了初步的瞭解。

在長達兩年半的臨時工生涯中，從汽車椅墊部開始，李傳峰很快就把制椅墊的手藝學會了。後來他又申請調到點焊部、車身部、噴漆部、車床部等部門去工作。

這個年輕人的父親對兒子的舉動十分不解，他質問兒子：「你工作已經快三年了，總是做些焊接、刷漆、製造零件的小事，這樣怎麼能成就一番大事業呢？」父親抽了一口菸，然後有些鬱悶的說到：「你看和你一起進場的小王，人家和上層搞好關係，現在都早已經成為正式工了，你一天都在想什麼啊？」

「爸爸，你不明白。」年輕人微笑著說：「我並不急於轉正，領導也和我談過話。我的目標不是所謂的『正式工』，而是更好的未來，所以我必須花點時間瞭解整個工作流程。我正在把現有的時間做最有價值的利用，我要學的，不僅僅是一個汽車椅墊如何做，而是整輛汽車是如何製造的。」

功夫不負有心人，又過了大半年，在這個年輕人進入公司三個年頭的時候，他幾乎把這個廠的各部門工作都做過了。上層們也注意到這個埋頭苦幹學技術的小夥子，因為他從不刻意去套關係，立山頭，而是苦心鑽研技術。隨著工作經驗的積累，年輕人在公司擁有了豐厚的人脈與人人都豎大拇指的技術。順理成章的，他不僅轉為了正式員工，還成為了部們主管。而在以後的工作過程中，年輕人依舊保持著自己從小做起的工作作風，踏實努力的工作著，最終成了自己的事業。

摩天大樓從來都是小石塊堆起來的，不做好手中的小事，也就沒有做大事、成大業的能力。這個年輕人沒有選擇去鑽營和取巧，而是從看起來沒什麼用處的小事、小崗位做起，而是抱著先學本領的想法，從小做起，最終成就了自己的事業。

對於眼下許多年輕人來說，有一種初生牛犢不怕虎的氣勢，以爲自己本領在手，天下盡在掌握中。不過真正做起事來，若是心浮氣躁的人，就難免不知輕重深淺，小事不願做，大事做不了。如果謙虛好學，過幾個月一兩年也就有所改觀了。但很多人往往就是眼界太高，拿不起又放不下，懸在空中。其實這裡的所謂「工作經驗」，根本不是什麼真正的「工作經驗」，而更多的是一種態度，一種被社會現實打磨出來的直面現實的心態。

說具體了就是能在做事情時踏實認真，無論事大事小都如此。千里之行，始於足下，想要他人認同我們，何不從身邊的小事開始呢？要知道，大事一般是老闆們去做的，當你還是小嘍囉的時候，天底下怎麼會有這麼多大事讓你去做呢？保住自己的飯碗，壯大自己才是明智之舉。與其對小事不屑，不如把它當作鍛鍊我們的絕佳機會，慢慢積累成大事的才幹、品質，當機會來臨了，自然就不會因爲不合格而被迫放棄，這樣不斷把握機會，又愁大事不成呢？

Live A better Life in The Corrupt Society

世界上到處都是「聰明」的傻子

Lesson 3

聰明人不賣弄才華
蠢材才會鋒芒畢露

在現實生活中，自作聰明，愛賣弄的人到處都是，他們炫耀自己的才華和聰明，或者總出是故意表現的與他人格格不入，這樣的人，就算大家嘴上不說什麼，心裡卻會對他豎起小拇指，嚴重鄙視之。

確實，在社會中，大多數人都不喜歡那些隨時隨地把自己變成焦點的人，甚至有些人想當場把這些愛炫耀的傢伙的華麗外衣撕開，讓其露出醜陋的真面目。但是儘管很多人都明白虛榮會招來別人的厭煩，可是多數人還是不自覺要顯示和炫耀自己的成績。

因爲，在潛意識裡，他們似乎以爲如果不炫耀，別人就會以爲他們是愚蠢和窩囊的，一想到這裡，這些愛表現的人就會急得牙癢癢，更加想表現自己了。

從某種意義上來說，這也是蠢材和聰明人的分水嶺。真正聰明的人往往低調內斂，懂得「悶聲發大財」，因爲他們深知，一個謙卑而又有實力的人總會贏得大家的尊重，成功者往往是恪守低調作風的典範。低調做人不僅是一種境界、一種風範，更是一種思想、一種哲學。李嘉誠曾說過：「保持低調，才能避免樹大招風，才能避免成爲別人進攻的靶子。」

新加坡雖然是一個小國，但在亞洲來說卻是一個經濟強國。何晶是新加坡總理李顯龍的夫人，隨著李顯龍的宣誓就職，何晶也開始走到了新加坡的政治前臺。雖然貴爲新加坡的第一夫人，何晶卻喜歡樸素的裝扮，她經常留著一頭短髮，顯得非常幹練和精明，爲新加波的國際形象加分不少；同時她也是始終保持低調，尤其不願被媒體曝光的商業女強人，她的身世和成就，在新加坡鮮爲人知。

直到二〇〇四年美國《財富》雜誌首次選出亞洲二十五位最具影響力的企業家排行榜上，何晶排名第十八，與索尼集團行政總裁出井伸之、日本豐田汽車社長張富士夫及香港富商李嘉誠齊名，人們才知道她不僅是畢業於斯坦福大學的高材生，還是是新加坡官方最重要的投資控股公司，目前掌管著新加坡遍佈全球各地的數百億美元資產的淡馬錫控股公司的行政總裁。由於何晶曾在美國接受電子工程教育，因此她也是一位出色的政府學者。

何晶爲人很低調，即使在公開場合講話，她也很少回答人們的提問。當記者問她爲什麼這麼低調時，她說：「不把自己太當回事，坦誠而平淡地生活，別人是不會把你看成卑微、怯懦和無能的。」

一個低調不張揚的人，不但到處受人歡迎，而且會完美的保護自己；而一個喋喋不休者，像一隻漏水的船，每一個乘客都希望趕快逃離它。同時，多說招怨，瞎說惹禍。正所謂言多必失，多言多敗，倘若何晶喜歡拋頭露面，炫耀自己的才華與權力，那麼不僅他丈夫的事業會受到影響，她自己也難免不被公眾質疑。

看看在我們的身邊，有多少所謂的「達官貴人」因爲得瑟自己的名錶、名車而最終鋃鐺入獄的，又有多少本身有才華的人因爲鋒芒畢露受盡打壓而一生碌碌無爲。聰明的人，善於示弱，善於保留實力；而蠢材則愛出風頭，讓人一眼看清自己的底牌和斤兩。木秀於林，風必摧之，這一點已經被歷史無數次所證明。

山不宣揚自己的高度，並不影響它的聳立雲端；海不宣揚自己的深度，並不影響它容納百川；地不宣揚自己的厚度，但沒有誰能質疑它的博大。而擁有大智慧的人，從不宣揚自己的能耐，也沒有任何人敢小覷他們的存在。

真正聰明的人懂得推功攬過

根據調查顯示，通常人們對於自我的評價都是高過實際水準的，這種某種程度上的「自戀」幾乎存在於每個人的身上。當幾個人把一件事情辦砸了，如果分別詢問其各自應負的責任，責任總和加起來肯定不到百分之百，甚至還可能互相指責；而如果一個事情辦好了，講究論功行賞的時候，都會覺得自己是那個一錘定音的人物，理應受到最多的嘉獎。

會混社會的高手就會和大多人不一樣，他們懂得推功攬過，這樣的人，自然會受到大家的喜愛和支持。從輿論上對「高富帥」的調侃以及對「屌絲」的推崇，我們不難得出一個結論：這個社會是不喜歡「集萬千寵愛於一身」的高富帥，而是喜歡生活化、普通化的屌絲。

所以當我們勝過周圍的人，當我們認爲自己的成功會招致嫉妒和怨恨的時候，自動地謙虛一番，感謝其他人在自己成功過程中的作用，以避免潛在的危險；而在他人有難的時候，我們及時站出來，替他人分擔點委屈，換來的必定是他人的感激。因此，有人說，推功攬過是一種真正的「攻心術」。

陳實從小接受的家庭教育就是「多為他人著想」，所以為人十分和善，處理問題也是寧願自己的利益受損，也要考慮到別人的難處。陳實所在的公司是一家紀律嚴明的企業，不過由於待遇優厚，還是吸引了不少年輕人前來實習或者工作。而畢業於一家不知名大學的馬維維透過了層層面試，有幸進入了實習期，因此她十分珍惜這次工作機會。

「新來的實習生，把這些檔整理出來再交給我。」經理一揮手，馬維維趕緊三步併作兩步跑了過去，雙手接過了經理給的資料。回到座位上仔細一看，她的頭一下就大了，密密麻麻的資料讓她一時無從下手。陳實端著水杯走了過來，正好看著愁眉苦臉的馬維維，關切的問到：「怎麼了？」「經理讓我把這些檔整理出來，我還真有些不會啊。」馬維維嘟著嘴抱怨到。

「沒事，我來教妳。」陳實爽快的說，於是他先是以一份檔作為樣本講解給馬維維聽，接著又爽快的拿走一部分檔幫她整理。幾個小時過後，終於順利的完成了任務。馬維維一臉感激：「陳哥，謝謝你的幫助了。」陳實揉了揉有些乾澀的眼睛，笑著說：「哪有，舉手之勞。」

在馬維維將這些檔交給經理後沒過多久，經理一臉詫異的從辦公室走了出來，徑直走到馬維維的位置上，稱讚到：「這個整理工作妳做得很好，實習生像妳這樣優秀的還真不多啊。」馬維維臉有些紅了，正準備開口解釋一下是陳實幫忙弄的，陳實走了過來，對著經理說：「是啊，這小女生不僅有衝勁，工作也踏實，我看我們公司就要多招這些精兵強將。」馬維維感激的看了看陳實，因為她自己心裡清楚這份工作對自己的重要性。

翻開古籍，我們可以看到這樣一句話「子曰：孟之反不伐，奔而殿，將入門，策其馬曰：『非敢後也，馬不進也！』」孔子在這裡爲我們描繪了一個生動的戰場細節：在戰場上打了敗仗，哪一個敢走在最後面？，應該玩命向後跑才對。孟之反則不同，叫前方敗下來的人先撤退，自己一人斷後，快要進到自己城門時，才趕緊用鞭子抽在馬屁股上，趕到隊伍前面去，然後告訴大家說：「不是我膽子大，敢在你們背後擋住敵人，實在是這匹馬跑不動，真是要命啊！」孟之反善於立身自處，怕引起同事之間的摩擦，不但不自己表功，而且還自謙以免除同伴之間彼此的忌妒，避免麻煩。

陳實也是個這樣的聰明人，當經理轉身離開以後，馬維維站起身，真誠的說道：「陳哥，謝謝你替我美言啊。」

「小事，小事。」陳實擺擺手，沒有太多的言辭，留給馬維維一個高大的背影，回到了自己的工位上。這下更讓馬維維心生感激。

後來，馬維維順利的轉正成功，而隨著工作中的接觸，她更加佩服陳實，將陳實作為自己心目中的「完美男人」來看待。而在年底的優秀員工評選中，陳實毫無爭議的以票選第一的身分獲得了這個殊榮。

在生活中，懂得推功攬過的人無疑受到人們的尊重，而那些有好處就雀躍爭搶，一出問題就避之不及的人，則被人們所唾棄。陳實如果將幫馬維維修改檔的功勞攬在自己身上，其實也不見得能得到多大利益，但是做個順水人情，就能讓馬維維感激不盡。所以，陳實不僅是個好人，也是個聰明人。

人際關係處理好了，不僅工作效率能得到提高，還能大大提高你的生活品質。想成爲人見人愛，花見花開的人際高手，就學會推功攬過的處事方式吧！

做人可以精明
但不可以精明露骨

在社會上混，精明固然是個好事，但萬萬不可以精明露骨，這樣大家都知道你是個精明人，就會處處防著你。正如魯迅先生所說：「人世間真是難處的地方，說一個人『不通世故』，固然不是好話，但說他『深於世故』也不是好話。」你過於精明老道，就不容易獲得他人的信任與同情。「憨人」往往有「憨福」，生活中很多時候不爭是最好的爭，不要是最大的要，雖然「好哭的孩子有奶吃」，但他們畢竟不逗人喜歡。這種人往往得到的是暫時的，而失去的則是一輩子的。

公務員，在現代可說是鐵飯碗的代名詞，也是不少年輕人畢業時候的就業首選。亭薇和何莉是明星大學同宿舍的室友，兩個人雖然關係不錯，但性格卻大相徑庭，何莉個性外向，加上家境不錯，為人十分精明；亭薇性格比較內斂，和不熟悉的人往往沒太多的話說，讓人覺得十分忠厚老實。畢業前夕，兩個人都報考了基層公務員，由於本身關係就不錯，現在又是同行，兩個人約定以後一定要保持聯繫。

從城市來到鄉鎮，對於何莉來說，簡直有些難以適應，先不說硬體環境的缺失，光是那種滿懷雄心壯志，卻發現自己其實每天都在處理雞毛蒜皮的事產生的沮喪感，都讓她接受不了，怎麼辦？只有一個辦法，調動！

何莉腦子一轉，有了這個想法，她開始打電話請家人透過關係，謀求調動。有了這個想法，何莉常常在同事面前表現出一副「小廟供不起我這尊大神」的模樣，雖然主管和同事們表面上沒說什麼，但心中都看不起她，於是有些可以鍛鍊的機會也不讓何莉去做，她有很多想法和意見也得不到大家支持。

而亭薇由於家境本身一般，所以抗壓性更強一些，看到發展規模遠遠不及城市的鄉鎮，她反而是感到一種責任感和使命感。並且她深深的感受到，正是因為落後，自己才有施展抱負的機會——什麼東西都到位了，自己還有什麼事情去做呢？

於是她腳踏實地去實地調研，深入到基層去瞭解問題，和同事一道想辦法解決鄉鎮百姓所碰到的實際問題，很快，她就融入了當地人的圈子，深受百姓的愛戴與尊敬。

後來，何莉的父母費了很大的功夫，也花了不少力量才打通關係，讓何莉順利調到城市裡去，在何莉走的那天，幾乎沒有人和她告別，這讓平時性格外向的何莉有些莫名的難受，不過想到這裡的環境，她皺了皺眉，毅然轉身離開了鄉鎮。而與此同時，亭薇卻已經和當地老百姓打成一片，在基層默默耕耘。

光陰荏苒，轉眼間，三年時間過去了。由於表現突出，而且本身能力也強，亭薇被單位上列為重點考察對象，並最終提拔成為副鎮長，而她所在的鄉鎮，也由於這三年的不斷發展，面貌有了很大的改變，不再是以前那樣落後和貧窮。

想起何莉，她搖了搖頭。原來，她們剛剛通過一次電話，何莉雖然被調到市區，但是由於市區裡關係太複雜，加上何莉是個新人，又喜歡得瑟，所以完全沒有鍛鍊和施展自己的機會，甚至還遭人排擠，如今還是在原地踏步，何莉甚至在電話裡說，準備辭職去經商。

何莉和亭薇兩個人都不笨，最後事業的發展卻大相徑庭。兩個人的區別就在於，何莉太過於精明，太在乎當下的得失，並且過早的在同事們之間暴露了自己的意圖，引起了同事們的不滿，最終因小失大；而亭薇卻懂得小地方有小地方的好處，更能展現自己的價值，所以最終得到了上級的認可和百姓的愛戴。

北宋蘇軾《說兒詩》說：「人皆養子望聰明，我被聰明誤一生。惟願生兒愚且魯，無災無難到公卿。」

爲人處事，一個人若是精明過了火，太過露骨，事情就變的複雜，反而會傷害自己。雖然我們常說「謀定而後動」，但是想得太多，考慮的太過周全反而並不好，因爲事事難料，有些時候還是要順勢而爲，總想眼前的一畝三分地，或許就會丟掉遠方的良田萬頃。當然，精明的人要讓自己表現成爲「不精明」，「不露骨」，那也不是一件容易的事情。鄭板橋早就說過：「聰明難，糊塗難，由聰明轉入糊塗更難。」這都需要我們在生活中慢慢體會。

精打細算是庸才 絕不吃虧是蠢材

吃過晚飯，創世紀公司董事長老李按照慣例，戴上了老花鏡，翹起二郎腿，拿起了今天的都市晚報，開始流覽新聞。很快，他的視線被一條新聞鎖定住了：「五年前某公司一青年技術員，刻苦兩年開發出的技術專利，被該公司技術主管無恥竊取，青年據理力爭，飽受打擊迫害，如今方才得以昭雪……」

老李歎了一口氣，思緒一下被拉到了三十多年前，那個時候，百廢待興，二十多歲的老李從學校畢業，分配到了一家科研所工作，胸中充滿了一腔豪情，他立誓要在現在的工作崗位上做出一番成就出來，於是他頂著酷熱寒暑，勤耕不輟，一年半的時間過去了，他終於設計出了一台在當時具有領先水準的減速裝置。

然而這份欣喜很快就被不平所代替，老李的頂頭上司，研究所的所長為了獲取名譽，利用手中的職權，對老李是恩威並施，原來他也看中了老李的這個技術，並想要以技術主要發明人的身分自居，而他給老李開出的條件便是利益共用，可以給老李加薪水，和提拔成科長。

老李心中的鬱悶可想而知，因為所長拿走屬於自己的榮譽，必定可以出盡風頭。在家裡蒙頭睡了三天以後，他還是故作爽快的答應了所長的要求，於是，所長的大名出現在了報紙廣播之中，而老李也在所長的「關懷」之下被提升成為了科長。

禍兮福之所倚，福兮禍之所伏，生活裡的事情就是如此，所長畢竟心中有愧，於是在工作上對老李是大力支持，而老李也漸漸成為了行業裡的技術精英，名氣也漸漸大了起來，後來他帶著一身技術下海經商，創立了創世紀公司，事業越做越大，終於取得了今天的成就。

再看看報紙裡那個青年技術員的遭遇，老李不禁長歎一聲：「哎！因小失大，因小失大，不划算啊！現在的年輕人，太沉不住氣了！」原來，乍一看，老李是吃了天大的虧，但其實仔細一想，老李還是獲得了更多的實在的東西，成為科長以後，作為一個技術負責人，他就有了更多的權力去組織和研究課題，因此能夠最大限度的去實現自己的理想，獲得更多的成就；而且在所長的照顧下，他很快從一個一文不名的毛頭小子成為了行業出名的技術人員。有了技術，也就有了創業的底氣，可以說，當時的「吃虧」間接的成就了他。而報導中的小青年，顯然沒有老李的智慧，而是和自己的領導對抗，結果自然是不言而喻，雖然最後算是勝利了，但是付出的時間成本和代價實在是太沉重了。

在我們的日常生活中，「公平」是我們最經常提到的詞彙，因爲公平是我們這個世界最重要的法則之一。然後，所謂不偏不倚的公平，在如今的社會中是很難實現的。

這個不用多說，大家每天閱讀新聞都會發現，無數的潛規則、不公平的事情發生在我們周圍。作爲一個社會個體，我們不要想著去做挑戰風車的唐吉可德，因爲你一個人是無法對抗這樣的不公平，你只有去適應這個社會，而不是讓社會適應你。我們需要明白，在這個社會上，強求公平是一種不成熟的表現。有時候爲了更遠的目標，吃點虧，忍辱負重也是值得的。

如果凡事都精打細算，奉行絕不吃虧的信條，必定會被現實撞的頭破血流。面對弱肉強食的世界，我們的內心必須有一個好的心態，學會吃虧，學會容忍暫時不能改變的現實。「忍人所不能忍，成人所不能成。」成為「聰明」的傻子，吃一些小虧，為將來的發展埋下反擊的伏筆，才是我們應該做的。

不露聲色
做人才能出色

養過狗的朋友都知道，喜歡吠的狗不會咬人，咬人的狗都是不吠的。其實，打個不恰當的比方，人也是一樣，真正危險的人都是不露聲色，讓人看不穿心思的人。

因此，一個鋒芒畢露的人，雖然外表看起來氣勢洶洶，但是並不可怕；而那些沉默寡言，泰山崩於前而面不改色的人才往往是讓人最爲忌憚的高手。

曹俊在北京某集團工作了好幾年，做老闆助手也有三年。因此平時和老闆接觸的時間很多，在很多員工看來，老闆每天悠哉悠哉，過著輕鬆愜意的生活，不過曹俊卻不這麼認為，他發現自己的老闆其實是一個心思縝密，不露聲色的人。

在公司，號稱有兩大天王，陳峰和胡軍，他們都是老闆的重臣，各自帶領一個團隊，在公司有著舉足輕重的作用。有鬥爭的地方就有江湖，一山不能容二虎，兩個人總是明著暗著較著勁。以前還好，井水不犯河水，兩個人的隊伍也沒有太大的矛盾，但隨著銷售總監這個位置空缺出來，公司裡的火藥味更足了。

不過最近一段時間開始，老闆很明顯地親近陳峰，對胡軍顯然沒有那麼親密。下班以後，老闆會有時和陳峰去咖啡廳，談談足球、談談政治；而老闆卻似乎和胡軍不存在私下的交往，對於胡軍非常出色的業績，老闆也不見得有特別的贊許。甚至在開銷售大會時，陳峰發言，老闆一般默不作聲，彷彿他說的字字是珠璣，弄得陳峰一臉得意；至於胡軍，雖然說得頗有道理，但老闆頻頻發問，把他折騰得一頭大汗。

「春江水暖鴨先知」，陳峰得勢的消息一下在整個公司裡傳開了，陳鋒麾下的人也都洋洋得意，覺得銷售總監的位置，陳峰是穩操勝券了。陳鋒也比以前囂張了許多，甚至開始干涉胡軍手裡的業務；反觀之胡軍，雖然倍感壓力，但他堅持認為，業績才是一個銷售總監的成績單，只要做出好業績，就不愁老闆不器重自己。

不過面對公司的這些暗流湧動，老闆卻不為所動，似乎絲毫不以為意。

這樣的日子很快就過去了，年終考評的結果讓所有人大跌眼鏡，胡軍的分數居然要比陳峰高！這就意味著，老闆心裡對胡軍的認可程度超過陳峰，同時也意味著銷售總監的位置便是胡軍來坐了。不過老闆同時也犒勞和補償了陳峰，有一個去美國受訓的機會，老闆欽點的是陳鋒。誰都知道，這個機會，是讓陳峰不至於離職或者跳槽，起到安撫的作用。

作為老闆的助手，曹俊也有點丈二和尚摸不著頭，這究竟是怎麼回事呢？不過，隨著時間的流逝，曹俊稱，自己終於悟透了老闆的「哲學」：老闆這是在考察員工，他對陳鋒熱情，故意冷落胡軍，同時觀察陳鋒和胡軍的表現，結果一個人輕狂得意，一個人繼續踏實工作，老闆的心中有桿秤。對誰要求嚴，就是在培養他；如果老闆不是很欣賞那個人，就會對他「相敬如賓」。

「仔細一想，老闆才是不露聲色的帥才啊。」曹俊衷心佩服的說。

不動聲色，冷靜觀察，老闆就這樣默默的注意著自己的兩大愛將的行為，心中自然也有了分寸和想法，這樣的性格與做事風格，無疑是讓人感到深不可測。同樣，面對老闆的冷談，胡軍也選擇了悶頭工作，用業績來證明自己，而不是去找老闆理論或者放棄對自己的要求。因此，胡軍其實也是一個心裡有數的人，能夠在逆境中不影響自己的工作，這樣的人就算真不被老闆賞識，他日也必能成就大業。

將心裡所想的事情表露在外表的人，一眼就能被他人看穿，絲毫沒有祕密可言。難怪有人說：「順，不妄喜；逆，不惶餒；安，不奢逸；危，不驚懼；胸有驚雷而面如平湖者可拜上將軍」。能夠沉得住氣，懂得藏匿心性的人才無疑在任何地方都受人尊敬和信賴。

讓朋友低估你的優點
讓敵人高估你的缺點

周小平在體制內工作，隨著工作時間的推移，他漸漸對這種一成不變的生活感到厭倦，那顆不安分的心又開始跳動起來。下海創業！這個念頭一旦產生，就不可抑制的漸漸占據了他的腦袋。說做就做，他很快辦理好了手續，開始了自己的創業之旅。

創業就需要錢，周小平自己一個人的積蓄顯然是不夠的，他想到了自己的朋友。說起這些朋友，中間還有不少故事。他們都是大學時期的室友，雖然畢業後分佈這個城市的各行各業，但大家還時常有聯繫。而且周小平雖然在體制內上班，在單位也是一個不大不小的官，辦事雷厲風行，毫不含糊，但和這些朋友呆在一塊的時候，周小平總是收斂住自己的「官氣」，和學生時代一樣樂呵呵，隨和而且幽默。於是朋友們也沒覺得周小平有什麼改變，關係自然還是和大學期間一樣融洽。

找到了這些朋友，大家對周小平辭職的事情雖然感到很詫異，不過都紛紛表示支持周小平創業的行動，周小平給朋友們詳細講解了自己的商業計畫，並告訴朋友們，現在的投資，會多久之內得到返還，以及風險問題。朋友們拍著周小平的肩膀，告訴他，朋友們一定會挺他。沒過幾天，周小平就籌集到足夠的資金。

這樣，周小平的公司也就成立起來了，規模雖然小，但是在周小平精心打理下，也漸漸有了一個比較好的收支循環。然而，一天，周小平公司裡來了一個不速之客，那就是周小平在以前部門的死對頭，老張。兩個人以前有些明爭暗鬥，雖然沒撕破臉，不過都心知肚明。老張現在手握一點實權，倘若存心找茬，還真是不好應付。於是，周小平一看到老張，便愁眉苦臉的說：「老張，日子不好過啊！」

老張看著這個昔日的對頭苦瓜一樣的臉，心中有些幸災樂禍的暗喜：「小周哇，早就讓你別辭職，你看看，現在這事弄的……」「是啊，您看，我這就是典型的沒事找事。」說罷，周小平拿著杯子轉身來給老張泡茶，趁這個機會，老張環視了一下這個狹小的辦公室，微微的皺了皺眉頭，這和自己的辦公室可差太遠了。

「老張，以後我要是想回原來單位，到時候你得給我美言幾句啊！」周小平似乎有些無奈。

「我們兩個人的關係，還說什麼啊？！」老張眼睛一眯，假裝十分仗義的說到。兩個人又東扯西拉了一會，老張這才揮手道別。

「這小子，我還以為他要弄多大的陣仗，居然混的這麼灰頭土臉，真是活該啊！」老張面對這個以前的老對手，心裡暗暗的罵道，心滿意足的離開了周小平的辦公室。周小平看著老張得意的離開，心裡懸著的石頭也下了地，他瞭解老張的性格，知道老張覺得自己混得不如意，也就高興了，必定不會再刻意來為難自己。

就這樣辛苦運營，耐心琢磨，周小平的創業之旅也終於進入了正軌，事業發展的也是越來越好。

周小平的裝傻示弱，看似愚笨，實則聰明，人立身處世，不矜功自誇，可以很好地保護自己，這就是所謂的「藏巧守拙，用晦如明」。

每個人都有每個人的優點和缺點，這一點是毫無疑問的；而人活在這個世界上，就必定有朋友，也有敵人，這一點也是毫無疑問的。想要在人生旅程中少走彎路，多走直路，就必須學會在朋友面前，深藏不露，低調慎行；在敵人面前，學會裝傻充楞，收斂鋒芒。

這樣，你在朋友圈裡可以博得別人的好感，不會引起朋友之間不必要的妒忌和誤會；而在那些仇視你的對手面前，故意示弱，明修棧道，暗度陳倉。

在朋友圈子裡，人們不管本身是圓滑機巧還是忠厚老實，幾乎都喜歡那些看起來傻呵呵，沒有心機的人；而你潛在的對手或者敵人，也往往會因為你的示弱而放鬆警惕。所以，人生在世，的學會裝傻，懂得隱藏自己的「巧」，學會做一個大智若愚的人。

責己要厚 責人要薄

人生在世，不可能離群索居，彼此相處，就算人人都心地善良，也難免會發生磕碰和摩擦，比如朋友間的誤會，同事間的糾葛，鄰里間的紛爭，夫妻間的爭吵……所以說矛盾是無處不在的，有了矛盾，關鍵是如何面對現實，化解矛盾。有竅門嗎？有，唯一的竅門便是責己要厚，責人要薄。多寬容他人的難處，多想想自己的過失，不去逞強鬥狠，你會得到安然、寧靜、和諧與友好，不僅他人開心，自己也能每天心情愉快。

徐醫生是某市第一醫院的急診科醫生，為人樂善好施，精通醫術，面對上門求醫問診的人，無論貧富，他都一視同仁，對於那些不是十分富裕的病人，他總是開一些又經濟又實惠的藥品，如果病人特別可憐，徐醫生甚至還會偷偷塞給他們一些錢，以解燃眉之急。

在一個寒冬下著大雪的深夜，徐醫生忽然接到了一個出診電話，電話裡的聲音很慌張：「我的孩子上吐下瀉，很嚴重，醫生你們快過來，我們家地址是……」接完電話，徐醫生和自己的助手便坐著救護車匆忙趕往病人家中。

呼嘯的寒風，鵝毛般的大雪，讓整個街道顯得陰冷與肅殺。正當救護車匆忙的行駛到快到目的地的時候，卻不湊巧的熄火了，司機手忙腳亂的弄了半天，車卻再也無法啟動起來。「怎麼辦？徐醫生？」隨行的護士一臉慌亂，這個時候立刻再從醫院調車過來，顯然不太現實。沉吟了片刻，徐醫生露出了堅毅的表情，吐出了幾個字：「我們先走過去！病人在著急等待我們！小趙，你從醫院調到車了再快點開過去。」於是，徐醫生和護士跳下了車，在風雪中艱難的向前方走去。

就這樣蹣跚的走了接近二十多分鐘，兩個人終於抵達了病人的家裡，然而剛一打開門，卻迎來一陣怒斥：「醫生，我兒子都快虛脫了，你們怎麼才過來啊？你們是什麼救護車啊，這都多久了！」面對對方的詰難，徐醫生沒有吭聲，而是問到：

「孩子在什麼地方？」

順著家屬手指的方向，徐醫生和護士打開應急箱，對已經難受的說不出來話的孩子進行緊急處理。「是食物中毒。」徐醫生皺了皺眉頭，焦急的母親這個時候更是急的如同熱鍋上的螞蟻，抱怨和嘮叨也是不斷從嘴巴裡冒出來，時間似乎也在此刻凝固了。

徐醫生立刻拿出手機，聯繫上了司機小趙，還好，小趙已經從醫院調到了新車，已經快趕到了。徐醫生立刻抱起了奄奄一息的孩子，快速向樓下奔去，一行人急忙跑上了救護車，風馳電掣的向醫院趕去。

直到東方泛起魚肚白，孩子才脫離危險，無論是醫護人員還是患者家屬，這時才深深地送了一口氣。

而此時的家屬才從護士口中直到，昨夜要不是徐醫生當機立斷，涉雪徒步走了二十多分鐘，孩子的情況究竟會演變成什麼樣子，簡直不敢想像。

孩子的母親羞愧的走到徐醫生面前：「醫生，昨天我態度很不好，還罵了你們！今天知道昨天要不是您，現在孩子估計還沒過危險期……」

徐醫生揉了揉太陽穴，微笑的說到：「昨天確實是我們醫院的問題，如果不是車突然壞了，我們可以更快的趕到你們家。而且孩子是父母的心頭肉，我能理解你當時的心情，現在孩子脫離了危險期，真是讓人高興啊！」

後來，孩子母親送來了一面鮮豔的錦旗，感謝徐醫生的妙手仁心，而徐醫生的美名更是被越來越多的人知曉。

面對他人的誤會，面對自己的努力卻沒被人承認，任何人心中都會充滿怒氣和怨氣，但是徐醫生沒有浪費口舌來辯解，而是先去視察病人的情況，醫德可見一斑。而在家屬獲悉真相之後，感恩戴德之際，徐醫生還能保持謙虛有加，絲毫沒有趾高氣揚的神態，只是把這當做做人的本分，認爲只是理所當然做的。

在現實生活中，誤解和仇恨似乎常常充斥在我們四周，疏通的願望我們都有，然而很多時候，我們缺乏寬容的力量，將這些問題統統打成了死結，這是一個悲劇。負面情緒是可以傳遞的，一旦誤解產生，有時候不僅讓當事人雙方過的痛苦，甚至還會讓更多的人捲進來，「踢貓效應」便是最好的一個例子。你是想選擇美滿的生活，還是天天爾虞我詐的生活？如果是想要前者的話，就按照文中的辦法去做吧，你會發現，你的生活會悄然發生改變。

別人對你越壞
你要對他越好

生活中常有的是以德報德、以怨報怨，尤其是「以牙還牙」、「君子報仇十年不晚」、「人不犯我我不犯人，人若犯我我必犯人」等話語經常被端上檯面，甚至不少人被救後，反誣見義勇爲者爲肇事者，硬要賴人家醫藥費等以怨報德的尷尬事，這幾年也頻見於媒體或傳聞。而寬容禮讓、以德報怨的道理似乎已被人遺忘或主動拋棄，真的是越來越罕見了。也難怪有人高呼，這是一個鐵血的時代。

向菱和王楚是住在星河社區的一對夫婦，夫婦兩人不僅為人隨和，而且平時喜歡做善事，信奉「日行一善」的信念，因此很有人緣。

一個星期一的下午，王楚開車接向菱回家，剛掏出鑰匙，發現門居然是虛掩著的，王楚心裡咯 了一下，推門一看，溫馨的小家裡已是一片狼藉。「快報警！」向菱捂著嘴，似乎有些不敢相信眼前發生的事實。

一清點，家裡不僅丟失了筆記型電腦、手機等財物，甚至連身分證這樣的重要物品也被小偷一掃而空，可謂是給工作、生活帶來極大不便，王楚怵著眉，對小偷的怒火一下噌的就上來了。

過了幾天，正在上班的王楚忽然接到了派出所打來的電話，原來，這個竊賊剛在盜竊的過程中周圍群眾發現，逃跑時卻摔傷了腿。在醫院中，派出所民警對他進行突審後，他老實交代了自己這段時間的犯罪事實，承認自己就是偷竊王楚家的小偷，值得一提的是，這個小偷還沒滿十八歲，還算是一個沒長大的孩子。

聽到這個消息，王楚之前那憤懣的心情似乎一下消失的乾乾淨淨。他給妻子打了個電話，講述了下事情的情況，然後用商量的口氣詢問到：「要不我們去醫院看下這個小偷？」

「去看他？」向菱有些丈二和尚摸不著頭，不知道丈夫肚子裡賣的什麼藥。只聽電話那頭王楚柔聲說道：「這次我們的財物能找回，我覺得這就是老天給我們平時做善事的獎勵，我們不是說要日行一善嗎？如果我們能讓這個小偷改過，這是多麼大的一個功德啊！」

向菱思考了一下，答應了丈夫的要求。於是他們不但沒有義憤填膺上門發難，反而提著禮品到醫院探望，安慰並鼓勵嫌疑人要知錯就該重新做人，面對善良的向菱、王楚夫婦，小偷終於受不了良心的譴責，留下了悔恨的淚水。

曾經有大師說過，其實最好的報復就是以德報怨，寬容有比責罰更強烈的感化力量。寬容更能使正義者顯示出正義的自信，也可使偶爾犯奸者因羞愧而自責而改正前非。怨怨相報何時了，心胸開闊才能使世界不那麼擁擠，於人於己於整個社會都有益。

幾年後，正在外面遊玩的向菱、王楚夫婦倆意外的碰到了這個年輕人，此時的他已經開了一個小小的報刊亭，兜售著期刊雜誌。幾乎是同時，這個年輕人也看到了他們夫婦倆，他趕緊跑出了自己的小屋，握住了王楚的手，表達自己心中的感激。原來從少管所出來以後，他開始痛改前非，現在不僅有了女朋友，生活也走上了正規。王楚夫婦二人也有些百感交集，為自己當年的一個善舉接下的善果感到高興。留下了聯繫方式後，這個年輕人逢年過節都會去專程拜訪王楚夫婦二人，將他們當做自己的恩人。

以德報怨是台灣人的優良傳統，但此傳統能否繼續傳承下去已成問題。少，才顯得珍貴。如果你擁有了這樣的品質，你收穫的不僅是他人的讚賞，還有無數人發自內心的祝福。一個心胸豁達的人走到哪兒都會有良好的人緣，都會有朋友的說明，這樣的人如果想做一番事業，何愁大事不成？

做塊墊腳石
幫助別人向上爬

一個人若只顧自掃門前雪，不管別人瓦上霜，把幫助別人看作是「自找麻煩」、「自討苦吃」，是很難結交朋友的，而且這種人通常也不可能會攀爬得很高，因爲一切有利的途徑都被自己堵死了。

拓展人際關係的一大法寶就是伸出熱情的手，去幫助和關懷別人，因爲我們的幫助，不僅能助人一臂之力，能給對方帶來力量和信心，也能使自己從中收穫一份更爲堅實的友誼。另外別人對你也定會有「滴水之恩，當湧泉相報」的感激。

王勇是一位既聰明又勤奮的年輕人，年紀輕輕就在北京成立了自己的公司。在他的努力下，他的公司漸漸開始有了名氣，財富也接踵而來，辦公室擴大了，公司的職員也增加了。

然而天有不測風雲，人有旦夕禍福。在一次重大投資上，王勇的公司出現了誤判，損失慘重，王勇為了彌補資金漏洞，還將自己的住房抵押了出去。為了維持公司的運營，王勇只好去尋找投資商，爭取依靠引進投資來緩解資金壓力。

正在焦頭爛額之際，王勇忽然接到了一個電話，不接不要緊，一接嚇一跳，居然是一家很有實力的投資公司的投資經理打過來的，而且聽他的口氣，對王勇充滿了肯定和贊許。

王勇有些丈二和尚摸不著頭，這個投資公司經理怎麼認識自己的？兩個人約好去一家咖啡廳面談後，便掛斷了電話。

到了咖啡廳，寒暄一番之後，王勇向投資經理提出了自己心中的困惑，只見這個投資經理哈哈一笑，問到：「你還記得鷹爾公司嗎？」「記得，我曾經去這家公司應聘過。」「那你還記得順位在你後面的那個競爭者嗎？」

一說起這個，王勇想起來了，「你就是當時那個和我一起競爭投資部崗位的那個人？」

「沒錯。」這個投資部經理又笑了。「當時我本來已經沒希望了，沒想到你忽然放棄了這個職位，還專門打電話給我說，要我繼續去找ＨＲ面談，本來我已經放棄了，接到你的電話，我才馬不停蹄地去找到了ＨＲ，她們也對你突然放棄，感到很愕然，於是讓我接替了你的位置。後來我積累了經驗，又跳槽到了現在的公司，還當上了經理。呵呵，要不是你當時給我寫郵件，鬼知道我在什麼地方呢！」

原來當時王勇臨時決定去創業，所以放棄了職位，不過在面試的時候和現在這個投資部經理人有過交流，覺得他人還不錯，於是把自己退出的消息透過郵件告訴了後者。這個事已經過了七八年，王勇自己都忘記了。

「所以，當我從圈子裡知道你需要融資的時候，我決定來報恩！」投資部經理泯了一口茶，感激地看著王勇，「沒有你當時的成人之美，又何來今日的我？」

喬治馬修·阿丹曾說：「幫助別人往上爬的人，會爬得最高。」如果你說明其他人獲得他們需要的事物，你也能因此得到想要的事物，而且幫助得愈多，得到的也愈多。

有時候幫助別人，其實就是在幫助自己。佛家經常說善因種善果，在你每天遇到的人中，肯定有一些人有能力幫助你提高你的事業，改善你的命運。只要在他們需要幫助的時候，你伸出自己的援助之手，你的命運就可能因此改變！

在這個商品經濟時代，越來越多的人表現出自私自利的人性弱點，有人甚至為了自己的利益，不惜損害別人的利益。我們應該明白，用老百姓的一句話說就是，這一輩子誰還沒有用得著誰的時候？其實，誰都不知道將來會需要誰的說明，與人方便，自己方便，何樂而不為？

患難中的真情讓人尤為不能忘記，別人除了心中漫漫的感激之情外，你還會收穫一份充滿信任的友誼，幫助別人往上爬，給別人當當「墊腳石」，你就會爬得更高。

Live A better Life in
The Corrupt Society

社會不是幼稚園

別把夢幻當真實

Lesson 4

主動適應社會
而不是讓社會來適應你

邦妮在大學裡面專攻視覺傳達設計，因為成績突出而很受各個教授的青睞。但是大學畢業後，可能是因為心理上的滿足感未曾消失，所以，她一直都希望自己能夠進入知名廣告公司工作。

雖然之前有不少公司打來電話，但是都被邦妮一一拒絕了。終於在漫長的等待了一個月後，她被一家廣告公司錄用。

上班的第一天，當經理找她談話時，她說的第一句話便是要求「專業對口」，而且特別提醒經理要「充分注意到我的特長」，她反覆說明只有讓她到廣告設計部門去工作，才能真正發揮自己的優勢。

可是，經理並沒有因邦妮的強調和解釋而改變想法，畢竟經理見過有才華的年輕人實在是太多了，於是仍然安排她到了文案企劃部門去工作。為此，邦妮覺得很不開心，因為自己曾經如此要求，居然還被拒絕，實在是太不給面子了，簡直是大材小用。

帶著這種不良情緒，她進了企劃部。由於叛逆心理，她工作特別散漫，和同事們相處也並不融洽。還常常用高人一等的口吻指指點點，因此給部門經理留下了很不好的印象。沒過完試用期，邦妮就離職了。

然而邦妮最終也沒能找到自己心儀的工作，一直來回跳槽，不僅工作不穩定，連生活也越來越艱難。

事實上，無論你是如何的自我感覺良好，你都不得不承認這樣一個事實：地球不會因爲少了某一個人的存在而停止轉動，就算你是集萬千寵愛於一身的高富帥，你也只不過是社會的一份子，很難影響社會，但反過來，是社會卻在無時無刻不在影響著我們。在如今，有很多剛進入社會的年輕人，因爲不明白這個道理，導致在爲人處世中遭遇事事不順、時時受阻、處處碰壁等種種窘境。

有句話說得好：「如果你不能改變環境，那就學著改變自己。」任何人要想順利地適應快速變遷的社會，就只能從自身開始做起。只有隨時調整改變自己，才能與社會保持腳步一致。

邦妮覺得自己委屈了身段，卻沒想到作爲一個剛剛踏社會的新鮮人，她首先需要的是一個工作機會，累積工作經驗，然後才是去尋找一個合適的崗位。她這樣折騰，最後只苦了自己。

社會就像一架機器，適應與超越就像一對咬合的齒輪，自始至終緊密聯繫在一起。「適應」更是「超越」一切的前提。因爲沒有適應，就更談不上超越。只有當你足夠瞭解了周圍的環境，你才能「以不變應萬變」。

當然，我們踏入社會後，對於之前自己的感知與現實無奈的差異，必然會產生理解分歧。如果你始終保持一種強硬的態度，那麼你只會因此而付出很大的代價。社會有時候就像個不倒翁，你越是想讓它朝著你的方向倒，它就越會朝著相反的方向搖動。

因此，要想在社會裡遊刃有餘，我們一定要學著去適應這個變化極快的社會環境。只有當你學會承受一切不可逆轉的事實，對那些必然的事情主動而輕鬆地承受，並且做出相應的改變，那麼不管任何時候，你都能做到「處變不驚」。

誠實不當傻瓜，坦誠而不幼稚

凡是吃過虧、栽過跟頭的過來人都喜歡說這樣一句話：「做人啊，千萬不要太老實。」他們會語重心長的告訴我們：「就算對朋友和親人，也不要輕易地推心置腹；接到任何人的求助，也要先掂量下自己的得失。」

這些話也許太刻薄，太血淋淋了一點，但如果我們仔細想一想，就會發現這些話絕不是空穴來風，更不是教人作惡的不良言辭，而是無數過來人在屢屢碰壁之後，歸納總結出的人生警句——他們都曾爲此付出巨大的代價。

讓我們假設一下：如果你過於忠厚和實誠，別人問什麼話都一一作答，但等你問別人的時候，他卻以各種各樣的理由給予推託。過後的感覺就像被人扒光了衣服，而別人卻穿戴體面地坐在車廂裡笑你傻瓜！確實如此，在現實中到處可見被騙了還幫人數錢的人，他們回頭還不忘說句「謝謝」。

克里斯就是一個特別忠厚老實的人。在外地生活了二十年後，卻怎麼也學不會社會上人的狡猾，更不會辨別他們的虛偽。克里斯曾經做過電器生意，總是因為過於相信別人，不是被客戶拖欠貨款，就是被員工勒索盜竊。

一次，一個口碑並不好的「朋友」找到了克里斯，向克里斯訴苦，說自己的貨款被人捲走了，現在身無分文，但家裡的母親又急需做手術，想找克里斯借五萬塊錢。對於克里斯來說，自己的小店本身就是店小利薄，五萬塊錢無疑是一筆鉅款。

但是，面對這個「朋友」悲戚的臉龐和唉聲歎氣的神情，克里斯又心軟了，他想到一句老話，「救人如救火」，於是一咬牙，將準備過年帶回家的錢借給了這個「朋友」，並約定一定要在年前歸還，不然自己一家老小也要喝西北風了。

然而，這個「朋友」卻食言了，拿到錢以後就玩起了失蹤，心急如焚的克里斯後來一打聽，才知道這個人喜歡賭博，欠了賭債，債主將他的財物拿去抵債，但這個「朋友」不相信自己的賭運會一直這麼背下去，於是鋌而走險，到處找人借錢，準備再去搏一搏，克里斯又成為了這個冤大頭。

一直到最後，這個「朋友」也沒有露面，老實的克里斯又一次上當受騙了。這種忠厚老實，在親友們看來其實就是無能，克里斯遭受了家人的指責和埋怨。幾經挫折之後，再加上患有心臟病，克里斯終於放棄做生意的念頭，踏上去回家的火車，在故鄉艱苦地生活著。

在這個世界上，每個人都爲生存而奔波。我們逃避不了這個板上釘釘的現實。爲了生存下來，爲了生活得更好，我們有必要讓自己智慧起來，有必要學會在複雜的社會關係之間遊刃有餘。因此我們要牢記的一條就是——做人不可太老實，否則很可能一輩子拼命奮鬥而一無所獲。很多人想不明白爲什麼自己勤奮一生而仍然不能富有起來，相信在這裡能找到正確答案。

整體來說，我們跟人交往時，應該牢記一個原則——誠實但不當傻瓜，坦誠而不幼稚。

誠實但不當傻瓜，是什麼意思呢？就是保證自己說給別人聽的話大都是真實的，不含欺騙成分。但如果把自己的全部毫無保留地告訴對方，那你就是傻瓜了。比如做生意，你不弄清合夥人是什麼人，不十分瞭解他的用意，然後就將客戶資訊洩露給他，這時他就會甩開你，直接去跟客戶做生意。

坦誠而不幼稚，又怎麼講呢？世界上總有人心險惡的一面，我們要懂得把握分寸。如果總是懷疑一切，拒人於千里之外，說明你不夠坦誠。但如果不管對方是什麼人，都傻呵呵地跑過去掏心窩子，一廂情願地以爲會收到對方善意的回應，這就相當幼稚。

誠實與傻瓜之間的區別就在於此。這要求我們，對待不同的人，說話做事一定要有區別。逢人只說三分話，這三分都是真話，那七分不說的，也是真話。未可全抛一片心，抛出來的是真心，藏在心裡的當然也是真心。所以在爲人處世過程中，我們可以忠厚，但絕對不能當傻瓜。

天下沒有免費的午餐

有人說，社會是一個大林子，什麼鳥兒都有。想在這個複雜的社會裡混出個模樣來，沒有一雙「慧眼」很難生存。行走社會，首先要眼明心亮，明哲保身，不輕易被表面想像迷惑。有些事情表面看是好事，實際上卻是讓人栽跟頭的陷阱。手機上的中獎短信；古玩市場跳樓價格的珍品瓷器；地上擺放著鼓鼓囊囊的大錢包……這些白撿來的「便宜」很難會落到自己頭上。曾有人沾沾自喜地將花了兩萬塊錢淘來的清代紫砂茶壺拿到電視收藏節目現場，自估市值一百萬，結果專家認定爲仿品，市值價格不過千元。這人聽到後不禁爲當初看到「便宜」收藏品竟然天真地以爲自己碰上了「天上掉餡餅」的好事並當即買下了這個贗品感到懊悔不已。

事實上，世界上本來沒有無緣無故的好處，天上不會掉餡餅，令人怦然心動的利益背後，往往是危險的陷阱。「免費的午餐」也不過就是個幌子，即使吃了這頓不要錢，不代表永遠不要錢。占了便宜總有一天要付出代價，就像那句江湖老話說的：出來混，遲早是要還的。看不透「免費午餐」的真實用意，還不如不吃，專心靠自己的汗水去掙取來得安全、踏實。若心存僥倖，總想占佔便宜，到最後往往會付出很大的代價，發現這個「便宜」占得並不「便宜」。

一個剛參加工作不久的年輕人在一家公司任業務員。一天，他接到一個意外的電話，是他一直希望與之合作客戶打來的。之前，他曾多次上門拜訪，但都被客戶以各種理由拒之門外。電話裡，客戶先是十分熱情地跟他拉起了家常，後來又約他吃飯。年輕的業務員感到很奇怪，但又轉念一想就當白蹭頓飯，自己也沒有什麼損失，於是便欣然赴約去了。

「無事不登三寶殿」，客戶電話裡說只是吃個便飯、聊聊天，但那麼難搞定的客戶會主動送上門來，這件事本身就很蹊蹺。稍微有些社會經驗的人都會多個心眼兒，仔細掂量掂量再決定是否赴約。這位年輕的業務員剛走入社會，涉世未深，同時也抱著「說不定天上會掉餡餅」的想法，就答應了客戶的邀請。

酒席上客戶給他引薦了另外幾個大客戶，年輕的業務員非常高興。同時，他開始為客戶的熱情　明編織理由：他可能是上一回沒有與自己合作心裡有些愧疚，才在請客吃飯，介紹其他客戶作為補償吧。

沒過多久，這個名不見經傳的年輕業務員順利地與幾個新客戶簽了合約，老闆非常高興，不僅提升他做了業務主管，還承諾給他發獎金，同事們也紛紛對他刮目相看。他心裡十分高興，覺得自己遇到了大貴人，撿著個大「便宜」。私下裡，他不禁感嘆：誰說沒有免費的午餐，自己現在不就已經吃到了嘛！此時的他完全打消了對「貴人」的猜疑，徹底鑽入了圈套。

後來，這位「貴人」又和他一起吃了很多次飯。一來二去，二人成了「鐵哥們」。一次推杯換盞中，客戶見他已經喝得醉醺醺，便開始套話。年輕人在酒精的作用下完全卸下了防備，不知不覺便將公司最近一次招標的底牌透露出來。

結果公司在招標中吃了大虧，老闆很快查出「內鬼」正是這個年輕的新晉業務主管。這時，年輕人才恍然大悟——這一切都是「貴人」設下的圈套，但他也明白再怎麼解釋也沒有人會相信他。被開除的那一刻，他後悔莫及。

其實，客戶的「棋局」並不複雜，只是年輕人從一開始就萌生了僥倖心理，以「試一試又沒損失」的理由抹殺了自己僅有的警覺意識，慢慢朝這個套子裡鑽。人都有貪小便宜的弱點，殊不知這種貪小便宜的僥倖心理正是混社會大忌。

騙子經常利用人這一心理弱點以各種形式的「免費的午餐」誘惑人。但是無功不受祿，受祿就要替人賣命。如果天上掉了餡餅，免費午餐擺在眼前，最好先想一想，再決定是否伸手拿過來。老祖宗的箴言曰：沒有天下掉餡餅的好處。不該得的福分，從天而降的橫財多半都是陷阱。

混社會的人當時時擦亮雙眼，提高警惕，不貪圖眼前的蠅頭小利。如果總抱著「天上可能掉餡餅」的僥倖心理，等到接了大餡餅才明白餡餅太大自己很可能會被燙死或壓死，吃了免費的午餐才覺得飯菜味道不對，這時候往往已經晚了。

任何人做事都會盤算著收取相應的「好處」，不爲名即爲利。沒有人會傻傻地爲別人付出，不求半點回報。單純地以爲別人會無目的地爲自己做事，讓自己佔便宜很容易掉進圈套，結果不是被當成槍使，做了炮灰，就是背了黑鍋。天下從沒有免費的午餐，貪便宜無異於是拿自己的未來做賭注，是風險度最大的投資。所以，在紛繁的社會中闖蕩，不能存一絲僥倖心理，午餐再誘人也是靠自己的實力來爭取才吃得最安心。

鋒芒太露
容易沒飯吃

有個年輕人，畢業於名校，才華橫溢，走到哪兒都帶著一股指點江山、舍我其誰的氣勢。他覺得別人都如無用螻蟻，不配跟自己比。「我的能力最強，所以理應得到最多。」他總是這麼想，得到好處不與同事分享，事事都獨佔頭功。

結果怎麼樣呢？部門裡的同事聯起手來，結成同盟，跟這位「優秀人才」較勁，合力拆他牆角、扯他後腿，處處給他麻煩，任你多麼大公無私、盡職盡責，我等就是不配合。一個人處在這種環境下，要想做成點事情，那真是比登天還難！

最後，這位年輕人的工作當然做不好，走到哪兒都碰壁，一身才華困在腹中無法施展，甚至沒處訴苦！於是，領導痛責，同事不憐，他在每個人面前都沒落下好印象。

極度沮喪之下，他給父親打了電話訴苦，父親給聽完他的講述，沉默了一會，才緩緩的說「牙齒比舌頭堅硬的多，但是在老人嘴裡，能夠挨過歲月磨礪的只有舌頭。」聽完父親的話，年輕人意識到自己的問題，那就是自己太傲氣，太鋒芒畢露，所以遭受同事們的對付。

相傳孔子年輕的時候，曾經拜老子爲師請教學問。在談到怎樣爲人處世時，老子說了一句話：「良賈深藏若虛，君子盛德，容貌若愚。」這句話的意思就是：善於做生意的人，總是把珍貴的寶貨隱藏起來，不讓人輕易看到；有修養、品德高尚的人，往往在表面上顯得很愚笨。真正有大成就者、成大事業者，無不是虛心好學的人。當他們開始驕傲的時候，立即就會想到「人外有人，山外有山」，意識到自身有很大的不足，他們會以謙虛低調的心態去面對每一件事情、每一個人。

在道路狹窄時，要留一步讓別人能走；在享受美餐時，要分一些給別人吃。懂得謙讓和忍讓，這是立身處世取得成功的最好方法。

想通了這點，這個年輕人收斂了自己的脾氣，先是請所有同事去吃了頓飯，緩和了下關係，並在以後的工作中摒棄了自己以前那套唯我獨尊的作風，更加注意團隊配合和其他同事的感受。隨著時間慢慢流逝，年輕人的努力收到了成效，同事們不再孤立和針對他，甚至還會有空叫上他一起出去玩，年輕人也終於感受到了集體的溫暖。

《菜根譚》中有話說：「人情反復，世路崎嶇。行不去處，須知退一步之法；行得去處，務加讓三分之功。」意思就是，人間世情反復無常，人生之路崎嶇不平。在人生之路走不通的地方，要知道退讓一步的道理；在走得過去的地方，也一定要給予人家三分的便利，這樣才能逢凶化吉、一帆風順。

要知道，人與人之間的相處，很多時候並不是單項選擇題——有你沒他，而是多項選擇，可以雙贏。很多人不明白，他們只知道魚死網破，不是你死就是我活。為爭名奪利打得頭破血流、同歸於盡的例子，我們身邊經常上演。這種人永遠沒能體悟到，在必要時讓一步，反而能給自己帶來更大的好處。一個人只有懂得了這個道理，才能頓悟成功人物之所以成功的原因。

做不做事無所謂

重要的是別站錯邊

職場中，每個人都有自己的軌道，有著自己的運行路線，而這些軌道又密切交織、彼此影響，一著不慎，滿盤皆輸。說簡單點，也許你會喃喃自語：「我做我自己的，又不想得罪人。」話雖這麼說，但事實上你無心害人，卻也許會被別人不懷好意地給撞一下，搞不好還會撞成內傷，從此元氣大傷，不得不偃旗息鼓退出江湖。

你若是職場小兵，被撞一下也就罷了，要麼默默忍受吃個啞巴虧，要麼主動找領導申訴清白，最壞結果是忍不下氣辭職走人，損失的也只有你自己，不會牽連太多枝節，運氣好的還能再重起爐灶，捲土重來。

但若你是混到一定位置的「資深前輩」，一旦冤家路窄撞在一起，震耳欲聾碎片四濺，那可真會波及無辜、貽害無窮啊。這樣的情景，就是我們常說的「神仙打架，小鬼遭殃。」因爲，此時的博弈，是整個部門利益的博弈，還關係著眾多小兵的職場進退。

某跨國公司高層派系鬥爭，都為了自己的利益而勾心鬥角。總監王猛，試圖聯手經理劉飛鴻，做掉行事過於強勢又深得老闆信任的總監李志。

原來李志是從公司總部派駐該城市的業務總監，由於在國外工作多年，因此做事不喜歡講究人情世故，而是講究效率和業績，在幾次內部鬥爭中，得罪了王猛以及劉飛鴻一派的人。

不過，想扳倒李志並不是一件容易的事情，為達成目的，王猛開始向李志的得力下屬，一位能幹的女白領何小蘭頻頻示好。這位白領也不是笨人，面對這樣的困局，她向自己的MBA老師求助，看自己應該如何做才好，這個老師提出了三個原則：第一，站隊不能只考慮眼前，要看長遠。第二，不能只看好的一面，要預計到最慘烈的結果。第三，如果沒辦法作選擇，站在自己原先的佇列正確的概率要大，如果幫自己的領導總監李志，勝了風光照舊，輸了也算忠心護主，工作沒失誤被炒的可能性也微乎其微。

聽了老師的分析，何小蘭明白自己應該如何做了，她拒絕了王猛的挖角和示好，而是專心做好自己的本職工作，以及繼續支持自己的領導李志。真可謂是「兩耳不聞窗外事，一心唯讀聖賢書」，就這樣過了半年，高層的博弈終於結束了，勝負已分：總監王猛被調到地方擔任閒職，而劉飛鴻則慘然出局，最為諷刺的是，給他辭職信上簽名的就是李志。與之對應的是，何小蘭因為站隊成功，還接替了劉飛鴻原先的業務，薪資和待遇都得到很大提高。

怪不得古人老早就掌握了官場「站隊」的藝術，因為在兩星即將相撞的電光火石一瞬間，必須迅速選擇自己要站入的佇列，要麼告密，要麼歸順，要麼跟著勝者風光，要麼跟著敗者玩完。當然，現代職場與古代官場相比，且不論鬥爭複雜程度如何，最起碼不會掉了腦袋，但「站隊」這門藝術依舊重要，畢竟對於成年人來說，職場的勝利與否關係到你生活品質的高低。對於江湖老油條來說，在職場很多時候，並不需要你做特別多的事情，或者是否用心經營了一個項目，而是在於你站的隊伍是否靠譜，隊伍的帶頭大哥是否仗義。如果你不幸站錯了隊伍，再努力，也是白忙活，上位的新領導一想「臥榻之側豈容他人酣睡？」必然會用自己的人來替換你所在的隊伍，就算你不被清洗，也很難再有往日的榮光和地位。

當然，並不是所有的情況下都需要「站隊」，因為首先不排除有些公司的組織架構和企業文化導致「站隊」無甚必要，第二即使在需要「站隊」的公司，這門藝術也需因地制宜千變萬化，不可一概而論。只有一點，當形勢所迫必須選擇佇列時，切忌模棱兩可，拖延不決，以免日後兩邊都不待見你。

一輩子和你坐同條船的人只有自己

在平凡的時刻我們繁忙熱鬧，但在某個重要瞬間你會發現只有自己。不論周圍是哪個熱心的人，都無法幫助我們渡過自己這條暗藏礁石的江。他們摸不清災情，不明白洶湧來自哪裡。但我們清楚。小心漂遊，繞過激流，到達平靜河岸，只有我們自己可以做到。依靠岸邊人的指引，很有可能溺死自己。

「天行健，君子以自強不息。」無論是想在世界上安身立命，還是想實現宏圖大志，都需要自立、自強。要想真正做到自強，有三個條件：一是要自覺，做任何事情，尤其是要實現自我設定的目標時，只有自覺，才能主動，只有主動，才思進取。二是要勤奮。有了勤奮，才不會滿足，只有不滿足，才能保持旺盛的鬥志。三是要有毅力。實現目標的過程，就是克服困難的過程，沒有百折不撓的毅力，只會半途而廢。沒有這三條，自強終究是一句空話。南非總統曼德拉說：「人生最美的光環不在於人的升起，而是墜下後還能再升起來。」人生就是如此，風風雨雨，充滿曲折，在我們墜下後，就要自立、自強，再升起來，學會自己救自己。

總之，一句話，一輩子能和你在一艘船的，只有你自己。

H，在文化圈和商務圈裡都小有名氣，他是某城市一家著名雜誌的創辦人，這本雜誌在國內極受讀者歡迎，在紙質期刊江河日下的今天，還能保持一個很高的銷量，被業內人士都稱之為一個奇跡。

雖然現在風光無限，但H其實早年經歷極為平凡，只不過是一位元普普通通的報社記者。崗位平凡，薪水也極為稀薄，甚至女朋友也離他而去，但他卻並不氣餒。仍然勤奮工作，毫不懈怠。不過城市裡昂貴的消費讓他難堪重負，於是，經過痛苦的思索後，他鼓起勇氣，來到總編辦公室，要求總編給他每個月增加五百元的薪水。

總編也許是心情不好，抑或是其它原因，對這位元年輕的記者絲毫不放在眼裡。他輕蔑地對H說：「像你這樣的年輕人，值得拿這麼多的薪水嗎？況且，要那麼多錢幹什麼？」

H看到總編的態度如此蠻橫無理，頓時有被玩弄的感覺，當場提出辭職要求，並且毫不猶豫地離開了報社。

他雖然離開了報社，但報社也曾給他帶來很多好處，讓他從這份薪俸微薄的記者工作中積累了豐富的生活素材，以及豐厚的人脈，這也為他後來成就事業打下了堅實的基礎。起碼，他知道究竟讀者愛看什麼樣的報刊雜誌，又不喜歡看什麼樣的東西。

於是，H憑著自身具備的較為優越的條件，開始籌集資金，疏通關係，創辦雜誌。創業初期，他這個被迫辭職的記者，編輯、印製、發行一肩挑，忙裡忙外，當第一期試刊獲得不錯市場回饋後，他才長長舒了一口氣。

雜誌成功後，H又開設了讀者俱樂部，常常會請一些文化名人和商界成功人士來進行讀者交流，由於俱樂部形式生動活潑，並且定位十分準確，很快獲得了巨大的關注，相應的衍生產品也相繼推出，他也因此開始成為知名人士，可謂名利雙收。

H決意掌握自己的命運，不甘於仰人鼻息，為他人賣命。他透過自己的努力，闖出一條成功之路，從一個小小的記者到一個成功的文化商人，可謂是完成了華麗的人生轉變。

做過義工的人一定會瞭解幫助盲人過馬路的情景，你能幫盲人一時，卻幫不了一世，當盲人再次獨立過馬路的時候，他又會束手無策了。其實，生活也如此，沒有誰能永遠做你的救星，除了你自己。舉例來說，你在工作中是否能取得業績，完全是由你自己的態度決定，你是否可以全心全力做好分內的事，也是由你的職業道德和職業素養決定，這也是你的工作是否做到位的內在展現。

在社會上要想生存的好，生存的舒服，就必須要有足夠的財富，這不是磨磨嘴巴皮子，靠動動腦子就能解決的問題，而是需要踏踏實實一分一毫掙來的。靠誰呢？靠父母，還是靠朋友？這些人都不可能幫你一輩子，真正能依靠的只有你自己，你的王國最終還是要依靠自己的雙手來建造。

不啃硬骨頭

專捏軟柿子

「明知山有虎，偏向虎山行」，這樣的口頭禪常常被我們掛在嘴邊，用以表達我們對困難無所畏懼的心態，有克服困難的勇氣自然是好，但是我們不能沒有困難，而去製造困難；有捷徑可以走，卻偏偏去走曲徑小道；有軟柿子可以捏，卻偏偏去啃硬骨頭，這樣的情況倘若在現實中發生，那估計是腦子進水不好使的人才會這麼自討苦吃。

其實這個道理放之四海而皆準，大家都知道，要在現代生活，就離不開和金錢打交道。而其實賺錢也需要注意「不啃硬骨頭，專捏軟柿子」。到底如何找到「軟柿子」呢？有科學家提出了這樣的看法，那就是七十八比二十二法則，如果我們將這個神奇的比例運用到富人與普通人的比例之中，發現整個人類富人與普通人的數量比例大約是二十二比七十八，而富人總共擁有的財富與普通人總共擁有的財富之比正好顛倒過來——大約是七十八比二十二。

此法則告訴我們一個真理：錢在有錢人手裡。所以要賺那些有錢人的錢，這樣就可以快賺錢、賺大錢了。這些富人就是生意裡的「軟柿子」，如果從事以富有者爲服務物件的主業，生產經營富人需求的產品，是最容易賺錢的。

我們可以從商業實踐中找到了明證：生產和經營汽車的企業要比生產和經營自行車的企業賺錢多，這是因爲買汽車的人是富人。即百分之二十二範圍內的人；而買自行車的人是普通人，即百分之七十八範圍內的人。

七十八比二十二法則，是個永恆的法則；是最爲通行的經商法則。若能透徹的學會這一法則，並善於運用這一法則，你就會將世界的財富和職能統統裝進自己的口袋。

同樣，珠寶首飾店的利潤要比賣普通服飾的商店豐厚。環顧世界，大多數猶太商人大多從事他們所謂的「第一商品」——金銀珠寶、皮大衣等貿易。這些商品儘管昂貴，但富人需要，必能獲取高額利潤。

放棄「硬骨頭」，去賺「軟柿子」的錢，看准「軟柿子」，的確是一個超乎一切的「絕對真理」，它一直在冥冥之中規定著我們的世界，左右著我們的生活。素有經濟帝國「紅色之盾」榮譽的羅斯柴爾德，就是成功運用這一法則的典範。

羅斯柴爾德家族在當今控制著世界重要黃金市場，也是猶太商人中最會賺錢的傑出代表。他們的財富是建立在成功運用七十八比二十二法則上的。

邁耶．羅斯柴爾德，原本生活在德國的猶太賤民區。他花了幾年時間建立起世界上最大的金融王國，實現了由窮人變為金融大亨的美夢。

邁耶從十歲開始向父親學習經商，他認為銷售的最有效方法是服務最有購買力的貴族，因為他們就是商機裡的「軟柿子」，這些人擁有著海量的財富與追求奢華的需求，因此邁耶從零開始的，艱辛地開闢著通往宮廷的銷售之路，功夫不負有心人，當地的領主畢漢姆公爵召見了他。邁耶以贈送價賣了他收藏的珍貴古錢幣，從而獲取了公爵的歡心。邁耶很清楚，向最有權勢和財富的人推銷它的產品是最有效的途徑。於是他以很高的價格收集了這些古錢幣，有意地以離奇低價的價格出售給公爵。事後，得到了好處的公爵幫助他收集古幣，替他介紹買主，使邁耶獲得數倍的利潤。

而後，邁耶開始為那些有錢的貴族、領主、大金融家提供情報，然後再從這些強勢人物那裡賺到利益和財富。從替人兑現大筆匯票開始，為了實現其賺錢的長遠目的，他堅持著做富人生意的商界法則，最終賺的缽滿瓢滿，其家族從十九世紀以來的一百多年裡，累積了四億英鎊的資產。

生意場裡容不下失敗者，爲了成爲贏家，不少聰明人都會有的放矢，找准富人、高端階層這些購買力旺盛的「軟柿子」，放棄一些難啃的「硬骨頭」，都能獲得讓人滿意的收入。其實，除了賺錢之外，還有很多地方能碰到「硬骨頭」和「軟柿子」的情況，究竟如何選擇？是死磕硬骨頭還是巧妙地吃掉軟柿子來壯大自己？相信你已經心中有數了。

做老實人說老實話不一定受歡迎

不知道從什麼時候開始，「老實人」一直不是一個特別好的詞語，的確，在這個競爭激烈的社會。「老實人」基本等於「迂腐」和「膽小」，特別是愛說實話的老實人更是有時候不受人待見了。

陳萍的兒子昨天拿回一份學校的民主評議表格，大致內容是讓家長對班主任在某些方面做的如何，給予評價。有什麼有無亂收費，強行推銷課外書，強制補課，還有就是師德，校風，有無體罰和變相體罰學生等等。

兒子讓陳萍看完以後寫評價，陳萍一思量，覺得有幾條，學校做的並不好：比如做的校服，價格不菲，品質卻極其低劣，孩子們運動量大，沒穿幾天就到處開線，縫了又縫，面料皺皺巴巴，化纖材質又沾土，又起靜電。為什麼不給孩子們做厚實一點或者棉布的呢？多花錢也值。冬天薄薄的一層，根本就沒法穿，這些都是小事學校都做不好，怎麼可能更好的教育好孩子呢？

另外對體罰這一條，陳萍很有意見，她想這些老師們也許從來不認為自己體罰過學生，因為他們不知道何謂體罰。規定七點二十分到校，七點三十分上課，但是只要超過七點二十分，就要被罰站一上午，每節課都要站在牆根聽課，陳萍覺得有點太殘酷。

兒子還告訴她，他們班一男生被罰站一週，一週之內，不許坐著聽課！起因是在課間，老師要聽寫，而該男生正往外面走，要上廁所，老師要他回來，聽寫完才能去。該生於是頂撞了老師。結果可想而知，可憐的孩子站了一週！

於是乎，陳萍老老實實的寫上了對學校這些不滿意的評價，並沒多想，就讓兒子帶去了學校交給了班主任。然而，讓陳萍萬萬沒想到，班主任勃然大怒，直接讓兒子「滾」出了教室，還口出狂言，說這麼多意見的學生她沒法教了，要兒子去另請高明。

面對鬱悶的兒子，陳萍只有親自跑到學校去和老師理論，最後給兒子換班了這個事才告一段落，不過經過這個事情，兒子對學校還產生了厭倦心理，不想去上學了，這讓陳萍後悔不已。

其實，做老實人，並不代表就是不經大腦、不看物件、不分場合把一切合盤托出，在我們對人講真話時，我們需要掌握一種尺度，在對待特定的人、事和自己想要達到的目的前提下，如何選擇自己的語言，則是非常關鍵。

我們可以有無數種不同措辭、角度、分寸，表達方法等等，表達方法可以是點到為止，也可以繪聲繪色。

陳萍直接的讓兒子將批評意見交給了老師，得到的回饋自然是老師的嚴重對抗，最後鬧的不可開交，假設陳萍不寫這麼尖銳，而是心平氣和地提一些意見，相信這個事情也不會這樣守衛。

有些時候，我們心中所想的，則是一定不能直來直去，尤其是在表達自己不好情緒時，更是需要委婉、間接來表達。憤怒、和直來直去不足以解決問題，只會激化矛盾，加深誤解。而委婉的表達，則給自己、事情、及對方都留有緩和的餘地。

做老實人但不一定要說「老實話」，不是要求人們掩飾自己的真實情感，而是一種為人處事和說話的藝術。它們並不矛盾，恰恰是相為互補，相得益彰。

不要把別人對你的好當成理所當然

人都說學會感恩是一種神聖的儀式，意味著長大和身心成熟。可是現實中，知道感恩的人越來越少了。有的人會把別人對自己的好當成理所當然，沒有絲毫的感激之情。這無疑讓那些好心人有些難免有些心涼，甚至無奈。

曾經有一篇這樣的文章，說路人甲每天上下班都會路過天橋，有一天一個乞丐在天橋上安營紮寨了。

看到乞丐那破舊的衣服，以及憔悴的深情，路人甲想：「一定要幫幫他。」於是每天上班和下班的時候，他都會往乞丐用來乞討的碗裡放一枚一元的硬幣。而乞丐永遠都是感動的老淚眾橫或是作揖連連。

可是有一天，因為上班要遲到了，他忘了像以往一樣給乞丐碗裡放一元硬幣。意想不到的事情發生了，乞丐竟追住路人甲，向路人甲質問：「你為什麼今天沒有給我錢？」路人甲看著氣憤的乞丐，頓時無語。

不要把別人對你的好當成理所應當。朋友之間，同事之間，親人之間，包括愛人之間，都不要把愛當成理所應當，要學會感恩。

傑姆曾說，他很喜歡東方的女孩子。他表示，西方女性把男士們的「紳士行為」視為「理所當然」。男士們幫女士提重物、搬東西——理所當然；男士幫女士開門、拉椅子——理所當然；同時在西方教育下，男士也視這些紳士行為「理所當然」。

有一次因為擴大經營的需要，他們部門從十樓搬到八樓，每個人必須把自己的東西和一桌一椅搬下去。當傑姆搬了那張椅子，發現真的很重，他擔心一個女孩子如何搬得動，於是他告訴女同事，椅子交給他們有力氣的男同事去搬。

結果一路上，女同事陪他們聊天，搬好了，還忙著倒開水、泡咖啡給他們喝，讓男同事們很是愉快。

「如果在我們國家，搬重物『理所當然』是男孩子的工作，沒有人會陪你聊天，沒有人會感激地倒開水、泡咖啡，也許台灣人沒這個觀念，但是台灣女孩子體恤別人的作風，真的非常可愛，我們幫她們，不但樂意，而且開心，這種受人尊重的感覺真好。」

很多時候，我們會把別人對自己的好視爲理所當然，朋友喜歡我們，當然不介意被我們「麻煩」，一些小事情，也「幫」得十分樂意。可是俗話說：「受人點滴，湧泉相報。」

就是要我們常懷感恩的心，來看待朋友的好心。任何人都不喜歡自己的好心被人當作驢肝肺，一次兩次也許還可以忍受，十次、二十次就會漸漸用光朋友的交情，屆時我們會發現，朋友似乎不再那麼「樂意」助人。與人相處我們當緊記一件事，天底下沒有誰幫誰是理所當然的，今天人家幫你是人情，你應該心懷感恩之情。

不少混社會的「人精」之所以能出門朋友滿天下，因爲他們懂得報恩。朋友敬你三分，你還別人一丈。也許有人會說，找朋友幫忙，給幾個錢或是請他吃頓飯，送個東西，好像把友誼給賤賣了，把朋友的交情看俗了，這是打錯特錯，適度地表達我們的感激是必要的。

也許我們不懂得比較「高尚」的做法，但吃頓飯、送個小禮物，也能表達我們感謝的萬分之一。

它的作用不在於「禮」的輕重，而是心意的表示，讓朋友曉得他這個忙幫得多麼具有「價值」，多麼受朋友的重視，也許在他而言是舉手之勞，而對朋友卻可能是攸關生死的大事。

最重要的是，我們說出來了，他也聽到了，知道我們有多在乎這件事，就像傑姆的女同事，一路陪他們聊天，事後還倒開水、泡咖啡的，沒花什麼錢，卻十足表現了她們的感激之情，而傑姆他們也感受到了，同時還說：「很愉快。」其實朋友在乎的不過是這麼一點點的回饋罷了。

假如你能夠懷有天下沒有誰幫誰是理所當然的想法，那麼，不論是朋友間、同事間，或是上司與部屬間，都可以相處和諧，也可以爲你贏得人緣。因爲人家從你身上，處處得到尊重，時時獲得感激，這對一個人而言，他有了人格上的自我滿足，人家自然樂於與你共事，與你做朋友。

Live A better Life in
The Corrupt Society

社會險惡

讀人比讀書更重要

Lesson 5

不識字被人欺

不識人被人騎

曾國藩有一句偏頗的名言：「寧可不識字，不可不識人。」民間也有這樣的俗話：畫龍畫虎難畫骨，知人知面不知心。

識人之難，是個千古難題。在古代，用了忠臣，百姓幸福，社稷安寧；用了奸臣，百姓遭殃，社稷不穩；而在現代社會，錯信他人同樣也要承受沉重的代價，可見識人用人之難。

張麗是某化妝品公司的業務主管，她的業績一直非常突出，與上司丁姐的關係也很親厚。新來的業務員小潔被安排到張麗帶領的這個小組，小潔很年輕，一副單純簡單的模樣，和張麗很談得來，兩人很快成了好朋友。

一次，張麗因為疏忽，在工作中出了一個小差錯。要求嚴格的丁姐嚴厲地批評了她，張麗有些不服氣，一整天都板著臉不說話。吃午飯的時候，小潔在張麗面前也開始替張麗鳴不平，似乎早就看不慣那個「老女人」獨斷專行的作風。話雖然有點過分，但還是讓張麗心裡舒服了一些，她忍不住跟著罵了幾句。

這件事張麗並沒有放在心頭，不久，她卻發現許多重要客戶都不再和自己聯絡了，最令人震驚的是，小潔的桌上竟然擺著這些客戶的詳細資料。張麗憤怒地找到丁姐，沒想到丁姐冷淡地說：「自己的工作沒做好，就不要抱怨別人。還有，有意見可以當面跟我談，不用背後議論。」

一瞬間，張麗明白了一切，小潔出賣了自己。但氣憤和後悔早已於事無補，由於處境艱難，幾天後，她便離開了這家公司。

張麗被小潔清純的面孔所欺騙，在小潔的「引導」之下發洩對上司的意見，而這又被小潔所告密，這只能怪張麗沒有看清小潔的真面目，張麗沒有害他人之心，卻沒有防範他人之心。錯誤地將心存歹意的小人當作朋友，留下了可以為人利用的「把柄」，掉進了人家挖好的陷阱。

荀子在論人性時說：「人之性惡，其善者僞也。」固然有些偏激，但現實生活中我們的確要在與人打交道時謹慎小心一些，對交往不深的人不妨多點戒心，考慮一些防患對策，爲自己留些「逃生」的餘地，才不至於在事情發生之後追悔莫及。正所謂「害人之心不可有，防人之心不可無」。

其中，「害人之心不可有」，道理不言自明，從小到大長輩們就教育我們要堅持這個人生信條；但「防人之心不可無」，這一點卻常常爲我們所忽略，沒有將其擺到合理的位置上。究其原因，也許是我們錯誤地認爲所有的其他人也會像自己一樣堅持「害人之心不可有」的信條。

事實上，我們的世界遠沒有達到想像中的那樣美好。在我們漫長的人生旅途中，總是會遇到這樣或那樣的陷阱、險阻，稍有不慎便會失足，而這一失足究竟能釀出多少悲劇，也許連我們自己都說不清楚。

人生從某種角度看也是一場戰爭。在這種戰爭中，爲了求生存，必須要有慎重的生活方式和態度，這樣才不至於上某些人的當，吃大虧。所以，在社會上混，一定要記住這點：不識字被人欺，不識人被人騎。

要把事辦好 先把人看壞

「天下熙熙，皆為利來，天天嚷嚷皆為利往」，老祖宗的這句話，將人性的本質闡述得淋漓精緻。所以和人打交道的時候，一定要多帶個心眼，寧願將人性想的複雜，也不要輕信他人。

那一年，剛剛大學畢業的曹宇，進入了一家外資銀行工作，對於曹宇來說，一切都是這麼新鮮。曹宇的同事張宇和他畢業同一個學校，一聽曹宇是學弟，一見面就和他熟絡了起來。

曹宇回到家中將這個情況給父母說明後，他的父母都是過來人，一聽這個學長和兒子是同樣的職位，而且學歷背景都差不多，於是立刻就叮囑兒子，一定要小心，因為誰都想升職。如果對方真誠，你就真誠，如果對方不安好心，你也就別笨。

曹宇想，自己有一份穩定的工作，其實就已足夠了，怎麼還要爾虞我詐呢？不過他知道父母是經過大風大浪的，他們這麼說，想必是有道理的。

和學長合作的機會很快來了。那是個星期天，學長臨時通知曹宇和幾個同事加班。他們收了一家公司的大筆存款，不過在分配任務的時候，學長自己卻沒身先士卒，反而把最難的部分丟給了曹宇和其他同事。隨著時間流逝，曹宇和幾個同事都快累趴下了，甚至中午飯都沒來得及吃，而學長卻還是一副很輕鬆的樣子，看到學長笑眯眯的樣子，有同事半認真半玩笑地說：「張哥，瞧我們都累成這樣了，你倒是舒服。等會加班費可不要忘了。」而坐在前輩對面的曹宇注意到學長的表情忽然一變，然後又立刻變成那副笑眯眯的表情，這一下，讓曹宇心裡滴咕一下，父母的告誡一下浮上了心頭，他比較識趣的沒有插嘴。而那幾個同事顯然沒注意到這點，還在嘰嘰喳喳的討論著加班薪水的事情。

第二天，那幾個同事便被叫入執行長室，執行長和他們講了一通大道理，然後又說了現在經濟形勢有多麼不好：「別忘了，今天工作不努力，明天努力找工作。」

毫無疑問，這肯定是學長去打的小報告。幾個被訓了的同事偷偷地說，這都是學長想往上爬，自然會顯得特別積極。經過這次風波以後，曹宇對學長可謂是敬而遠之，再也不和他密切交往了。

對於很多人來說，不涉及到自身利益的時候，那些惡的本性就會被善良所掩蓋。而一旦涉及到利益分配的時候，人自私的本性便會毫不保留地暴露出來。學長爲了向上爬，實現自己的職場理想，包括曹宇在內的同事自然是他的眼中釘，要不是曹宇有了父母的提醒，說不定也會中了學長的道。社會的殘酷就在於此，爲了利益，不少人不要說「同校之誼」，甚至多年至交也敢背叛。

要把事辦好，先把人看壞，將人性望壞處想，我們就能多一份戒備，多一份保障。也許我們在以後的生活中碰到的並不全是壞人，但不怕一萬，就怕萬一，如果真不幸碰到那種心腸歹毒之人，懷有一份警戒之心無疑是我們避免悲劇的法寶。

出門看天色
進門看臉色

某廣告公司的策劃編輯楊力為了工作的事情整天忙的焦頭難額，經過幾個通宵的苦戰後才拿出了一個很不錯的方案。如釋重負的他趕緊將這個策劃案交了上去。

起初老闆興致很高，頻頻點頭，對這個策劃案顯然比較滿意，然而等到最後要拍板的時候，態度卻冷淡了下來。眼看方案又要胎死腹中，楊力十分著急，他知道問題肯定是卡在老闆不願說明的地方了，但究竟是什麼問題呢？

有句古話，叫做「出門看天色，進屋看臉色」。現在很多年輕人對這句話很不屑，他們對「看臉色行事」的人很是反感，甚至是深惡痛絕。在他們看來「看臉色行事」太過世故，有點畏縮、卑微，沒有人的尊嚴。自己該怎麼想就怎麼想，該怎麼做就怎麼做，何必要看別人的「臉色」來定奪？持這種想法的人顯然太不諳世事了。要知道，我們每個人都不能是孤立地存在這個社會裡，必須要與他人交往，而人與人之間的關係又非常的複雜，不會看臉色行事的話，你會這裡遭白眼，那裡遭人訓，該辦的事情也沒法順利辦成。

察言觀色是一種本領，是與人交往必不可少的技巧。一個善於察言觀色的人，才能更好的與同事相處，才能得到領導的青睞，才能贏得下屬的遵從。

通常情況下，上司或者老闆礙於身分，許多話無法直截了當地說出來，如果你是一個有心人，透過察言觀色，充分領會出他的潛臺詞，肯定會獲得老闆的認可。與老闆步調一致是一個職場中人獲得老闆的賞識不可或缺的法寶。要讓自己的行動跟得上老闆的思維，這樣你才能和老闆一起乘舟出航，共同抵達雙贏的彼岸。

楊力從頭到尾仔細思考了一遍，忽然靈光一閃，他覺得老闆最緊張的就是錢，應該就是這點出了問題。於是楊力趕緊找到老闆說：「策劃方案既然沒問題，我們不妨找幾家相關單位贊助，一石二鳥，互惠互助。」老闆聽後，頓時眉開眼笑，不斷誇楊力腦子靈活，要楊力去負責這個方案的具體實施，經過一番努力之後，楊力終於將這個策劃案既省錢，又高效的完成了。

「出門看天色，進屋看臉色」，這是一種爲人處世的哲學，我們不推崇那種刻意的阿諛奉承，而是透過看人臉色與人和諧相處，見機行事。

所謂「臉色」，其實就是人的情緒的外露，是心情或心境的外在表現形式，從人的「臉色」中可以窺察出人的內心感情、欲望等，其內容之豐富往往勝過語言表達的千萬倍。所以，與人相處要學會看「臉色」。

上司老給你「臉色」看的時候，最好研究一下自己做錯什麼了，自己哪裡不注意了；下屬的「臉色」也要看，如果下屬臉上「如沐春風」，那開展工作就順利了，而如果下屬臉上「陰風密佈」，那就別跟下屬說加班、減薪之類的事，否則引起公憤，做上司的也不好受。而去求人辦事的時候，如果主人一面跟你說話，一面眼往別處看，同時有人在小聲講話，這表明剛才你的來訪打斷了什麼重要的事，主人心裡惦記著這件事，雖然他在接待你，卻是心不在焉。這時你最明智的方法是打住，丟下一個最重要的請求，然後告辭「您一定很忙。我就不打擾了，過兩天我再來聽回音！」你走了，主人心裡對你既有感激，也有內疚「因爲自己的事，沒好好接待人家。」這樣，他會努力完成你的託付，以此來補報。

朋友突然見到你，勉強擠出笑容算是打招呼的時候，你如果善於看臉色，就可能看出朋友可能剛好有什麼煩惱或痛苦，試著引導他向你傾訴，或許能幫朋友解決問題。不然，朋友可能礙於面子不好意思說出來。能幫朋友解決困難是件令人開心的事，特別是這種不是朋友開口而是透過自己觀察發現的更讓人覺得有成就感，這就是會看臉色的好處。

掌握了「看臉色」的技巧，你才能更好的與他人相處，這不僅讓他人感到舒心和快樂，也能讓自己過活的更加輕鬆。

先看背景 再看背影

曾經有江湖前輩這麼告誡新人：「有些人是你得罪不起的。」是的，雖然人人平等的口號喊了很多年，但是事實上，確實有些人是我們得罪不起的，就算爲一時痛快讓對方吃了虧，日後自己也受不了對方無盡的報復。

因此，在生活中，和人打交道是一門藝術。用一句文藝範的話說，那就是先看背景，先看看這個人是什麼來頭，究竟是不是我們可以得罪的；接著再看背影，看看這個人人品德行如何。如果這個人背景很硬，而又是個謙謙公子，恭喜你，你碰到了一個萬里挑一的好人；而如果你運氣不夠好，碰到一個背景很深，又囂張跋扈的人，那麼如果沒有足夠的底牌，你也只有忍辱負重，隱而不發。

王偉是科瑞公司的一個專案組的經理，在科瑞公司工作了幾年，也算是個老員工了，平時在公司裡也很有威信。不過人無完人，金無足赤，王偉最大的缺點就是沒事愛去喝兩盅，並且每喝必醉，醉了還喜歡罵人，因此他的幾個手下最怵王偉喝酒了再來工作。

由於業務擴展，科瑞公司開始招聘新員工，王偉部門也缺少一個業務員，經過一番面試，一個叫何華的小夥子脫穎而出，進入了王偉的部門。在實習期，何華的表現也得到了大家的認可，他不僅為人謙虛，工作能力也不錯，並且每天早早就來到了公司，打掃衛生、整理報刊，所以大家都覺得何華不錯。

不過也正因為如此，所以部門人都覺得何華一定沒什麼來頭，不然這麼老實，這麼聽話是為了什麼呢？不就是為了能從實習生轉為正式員工麼。所以平時大家有時候也會帶著一絲同情的眼光看著何華，覺得他也挺不容易的。

「今天是何華在我們部門實習的第三個月，熬過這個月，他就可以轉正了，他的表現大家都有目共睹，我相信沒有人有異議吧。」王偉在一天下班後忽然站起來，對部門所有同事說到，「那麼我們下午一起上館子去搓一頓，哈哈，大家一起開心開心。」

一說到要喝酒，幾個同事都面面相覷，不過看著王偉興致這麼高，也沒人敢掃興。於是一行人下班後便去了一家常去的餐館。酒過三巡之後，王偉又喝高了，只見他打著酒嗝，對著何華說道：「小何啊，我一看你，就知道你是一個老實人，老實人啊，其實我不太喜歡，為什麼，笨唄！」

其他幾個同事本來夾著菜還有說有笑，一看到王偉又喝醉了，不禁搖搖頭，何華面對王偉的調侃，倒是沒說什麼，面色平靜，不過似乎若有所思的在想些什麼。後面的局面更糟糕，王偉不僅將公司上下罵了個遍，還各種吹噓自己的豐功偉績，直到後面幾個同事將他架回了家，他嘴上還在碎碎唸。

第二天，何華已經和平時沒什麼兩樣，依舊忙忙碌碌地處理著各種事情，有幾個同事見著何華，忙解釋說：「我們偉哥就是喜歡喝醉了罵人，你也別放在心上啊！」何華淡淡一笑，沒有多說什麼。

然而沒過幾天，王偉便被辭退了，接替他的居然是何華！這一切都讓所有同事感到不可思議。有好事者去打聽，才得到一個驚人的內幕——何華居然是董事長的外甥！本來董事長就準備要何華來公司幫忙，但何華主動要求去基層先工作，瞭解一下公司運營。後面的事自然不用多說了，王偉那天噴的最多的也就是董事長了，也怪不得他最後落上一個被辭退的下場。

包括王偉在內的所有同事都先只看了何華的「背影」，也就是日常的表現，覺得他肯定是一個老實、沒有什麼野心的人，殊不知何華才是最大的王牌，口無遮攔的王偉也付出了沉重的代價。

其實，要想在社會中混的如魚得水，一定要懂得瞭解你面前這個人的底牌和背景，再做主張，要知道，不少人以「扮豬吃老虎」爲樂趣，倘若自己不擦亮眼睛，被對方的表面所蒙蔽，最後吃了大虧，這樣的事情發生一次，就足夠你後悔一輩子的了。

人不可貌相
海水不可斗量

生活中有些人習慣於戴著有色眼鏡看人，他們把正直的人看成迂腐，把低調的人看成窩囊廢。他們爲此犯下了許多錯誤，同時也影響了正常的人際關係。對這樣的人來說，只有摘下佩戴許久的有色眼鏡，丟棄以一時榮辱取人的舊習慣，看看這個世界本來的樣子，否則將一直被蒙在鼓裡。

一天，底特律的哥堡大廳裡舉行了一次巨大的汽艇展覽，人們蜂擁而至。在展覽會上，人們可以選購各種船隻，從小帆船到豪華的遊艇都可以買到。

在這次展覽中，一位來自中東某產油國的富翁，站在一艘展覽的大船面前，對他面前的推銷員說：「我想買右側那個價值兩千萬美元的遊艇。」這對推銷員來說，是求之不得的好事。可是，那位推銷員只是直直地看著這位顧客，以為他是瘋子，沒加以理睬，他認為這個人是在浪費他的寶貴時間，所以，臉上冷冰冰的，沒有笑容。

也難怪，這個富翁沒有中東富豪那種前呼後擁的排場，而是獨自一個人站在這裡，衣著也非常簡單，配上花白稀疏的鬍鬚，看上去，就是個普通的老頭。

這位富翁看著這位推銷員，看著他那沒有笑容的臉，然後走開了。

他繼續參觀，到了下一艘陳列的船前，這次他受到了一個年輕的推銷員的熱情招待。這位推銷員臉上掛滿了微笑，那微笑就跟太陽一樣燦爛。由於這位推銷員的臉上有最可貴的微笑，使這位富翁有賓至如歸的感覺。所以，他又一次說：「我想買只價值兩千萬美元的遊艇。」

「沒問題！」這位推銷員臉上的微笑沒有一絲變化，他殷勤的說，「我來為你介紹我們的系列遊艇。」之後，他詳細地介紹各種各樣的遊艇，對每艘船的性能、造價、一一做了介紹。

很快，這位富翁選定了自己心儀的一艘，簽了一張五百萬元的支票作為訂金，並且他對這位推銷員說：「我喜歡人們表現出一種他們非常喜歡我的樣子，你現在已經用微笑向我推銷了你自己。在這次展覽會上，你是唯一讓我感到我是受歡迎的人。明天我會帶一張一千五百萬美元的支票來。」

這位富翁很講信用，第二天他果真帶來了支票，購下了價值兩千萬元的遊艇。這位推銷員用微笑把他自己推銷出去了，並且連帶著推銷了遊艇。在那筆生意中，他可以得到百分之二十的傭金。

在這個世界上，會有很多人沒你混的好，但是也有很多人比你厲害多了。「人外有人，山外有山」，所以如果你沒有那個資本的話，就不要看不起人，因爲要知道你的實力決定了你的眼光，你看到的不一定是真實的。只有一視同仁，才是最爲穩妥的辦法。那個會微笑的銷售員就是懂得這一點，才會最終贏得富翁的信任，自己的也獲得了豐厚的報酬。

要尊重任何一個人，不管他們生活的多麼差，不管他們生活的多麼「低級」。哪怕是一個精神病人或者是瘋子，也不要輕易去厭惡他們，看一個人，不要因爲他沒有本事就看不起他，更不要因爲他很有本事就看得起他。你要告訴自己：不能去小看任何一個人，不管他現在混的怎麼樣，現在混的不好，不代表將來就不好，現在就算是混的很不錯的，也不一定將來他就比現在好。

人不可貌相，海水不可斗量。在社會中，有太多低調的人，以一副謙卑的形象示人，倘若你沒有一顆平等待人的心，吃虧的必定是你自己。

走過同樣的路 未必就是同路人

劉先生曾參加過對越自衛反擊戰，退伍後到一家外貿公司工作，憑著自己的勤奮好學，沒過幾年便成為業務主管。後來，他辭職創辦了一家公司，憑著自己的經驗和戰場上那種奮勇拼搏的精神，他在商場上證明了自己的價值，擁有幾百萬的固定資產。

一天上午，劉先生的一個老客戶要搞融資租賃，請求劉先生提供擔保。劉先生做事嚴謹，對生意上的事一向以穩重著稱，儘管是老客戶，他也按照慣例審查該客戶與租賃公司的合約以及該客戶的營運狀況，審查後覺得並沒有什麼把握，準備婉言回絕。

一天，該客戶又派了公司的一名業務主管人員前來商討此事。初次見面，兩個人互相介紹，劉先生得知該人姓胡，胡某忽然說：「我覺得你的名字很耳熟，你是不是某某部隊的？」

劉先生道出了自己曾在某部隊當兵，並參加過自衛反擊戰，胡高興地叫起來：「哎呀，你是一班的，我是二班的，我說怎麼覺得眼熟呢！」話題一發不可收拾，兩人似乎又回到了那炮聲隆隆、硝菸彌漫的戰場，劉先生也回憶起胡某曾是一次戰役中的突擊隊員，作戰勇敢，還曾負過傷。兩人越談越投機，儼然又恢復了當戰士時的豪爽，於是劉請客，邊吃邊聊。

漸漸談起擔保的事，胡某向劉先生解釋了一些他認為有疑問的地方，並保證該公司的信譽絕對沒問題，資金只是暫時周轉不過來，絕對不會連累對方的。劉先生正處在興奮之中，對胡某的話深信不疑，也未作進一步核查，就在擔保合約上簽了字。

事後，劉先生得知胡某所在公司已經資不抵債，簽訂這個合約，就是為了騙劉先生公司的錢。而胡某所在公司財產已所剩無幾，根本無法追償。

從心理學的角度講，人與人之間共同擁有同樣的體驗或祕密，能加強彼此的關係，更能強化親密和信賴的程度。人所共有的體驗愈是特別，愈能讓當事人擁有同件意識。

譬如「戰友」這個詞，對於某個時代或者某個特定環境的人而言，是會有他人所不能體會的特殊感情，只要說一句「我也是某某部隊的」，就可讓初見面的對方倍加信任，因爲它確實能讓人回憶起戰場上或某次搶險中戰友們同在生死線上浴血奮戰的情形。又如許多人都認爲同學的友誼是最真誠的，走出校門踏進社會之後，如果初次見面的人得知彼此是校友、學友，都會產生一種莫名其妙的親切感，因爲昔日美好的校園生活能讓人回憶起當初的浪漫、純真，由於懷念過去而認同了面前的人。

劉先生悔恨不已，一個「戰友」毀了他十幾年的苦心經營。戰友本是偉大而崇高的字眼，尤其是經過戰火洗禮的戰友之情非同一般，應該是始終不渝、終身難忘，是仁義道德的最高表現。胡某這種人用「友情」來騙取了劉先生的信任，可謂是天理不容。

相同的人生經歷不能證明一個人的品質，相反，我們倒要提防那些用相同經歷來與我們套近乎的人。

渴望友情，渴望理解與支持，是人的天性。也正是因爲大千世界的誘惑太多，人們自己大多很難不爲金錢、地位所動，所以才更渴望或者說希望別人也能不爲所動。正因爲純真的友情幾乎成了奢侈品，所以人們更希望能得到它，甚至有意自己美化某種關係，並昇華爲友誼，從而輕易地相信它。

但是社會險惡，我們需要明白這樣一個道理：即使真正一同經歷過某些事情的人，也未必都是值得信賴的。

如果你以爲原來的朋友就永遠是朋友。那就錯了，只有兩人沒有利益衝突的時候，那時才能成爲朋友。沒有利益可取的時候，很少有人會真正犧牲自己去爲你兩肋插刀的。所以才會在特定環境、特定時間保有某種比較純潔的關係。可一旦特定的環境和條件消失，友誼的純潔就只能永遠封存在心中了。

鑼鼓聽聲 聽話聽音

和聰明人打交道，往往不用將事情說破，點到即止。在社會上混的如魚得水的聰明人，往往有著「鑼鼓聽聲，聽話聽音」的本領，他們可以聽出弦外之音。所以很多人打趣，和聰明人交流，簡直是一種享受。同樣的，聰明人也可以反道而行之，利用他人的這個本領爲自己謀取利益，這就是真正高手的做法了。

蘭梅在環衛局工作，她與男朋友談了五六年的戀愛，如今到了辦婚事的時候。然而萬事俱備，只差新房。小夥子的單位不能解決，要他自己想辦法，而蘭梅的父母又都是平常百姓，只有等單位內部的福利房，不知是猴年馬月的事。

兩人愁眉苦臉，後來決定還是先領結婚證書，然後排隊等房子，一旦有了房子，馬上就舉行婚禮。

蘭梅先到派出所去開證明，然後再去領結婚證書，當時所長值班，他一邊開證明，一邊與蘭梅話家常。看到蘭梅姓蘭，所長問道：「你這姓可不多啊！」

蘭梅無心閒談，答道：「嗯！」

所長接著又說：「咱們縣長也姓蘭，那你和他是親戚嘍？」

雖然蘭梅與縣長是遠方親戚，但彼此基本就沒什麼聯繫，不過這個時候，蘭梅心頭一動，也許自己可以「扯著虎皮當大旗」，也是含糊的「嗯」了一下，說：「我是他的侄女。」

一聽到這個話，所長抬起頭，端詳了下蘭梅，然後十分俐落地把證據開完，又熱情地把蘭梅送出去。

經所長之口，縣長侄女很快要結婚的消息，在縣城傳開了。蘭梅回到單位，領導馬上找她說：「你是蘭縣長的侄女，怎麼不早說呢？現在的年輕人像你這樣默默無聞的實在是很少，不錯。」接著又說：「考慮到你工作一貫認真、負責，決定給你換個工作，你調到局裡辦公室，調令不久就會下來，好好做吧，小蘭，前途無量啊！」

沒多久，房管局的副局長親自找到蘭梅，說：「對不起，蘭梅，我們工作實在太忙，要房子的太多，所以沒有及早替你辦理好。我們討論、研究了很久，現在沒有很好的房子，只有江邊新建的一套二室一廳的房子，你看合意的話……這是房子鑰匙。蘭縣長那裡還望小蘭你以後多多美言幾句。」說罷，起身告辭。蘭梅喜出望外，最難解決的房子問題輕而易舉就解決了，工作也已經調動了，真是三喜臨門。看來，縣長的面子還真不小！

有了房子，蘭梅的婚禮如期舉行。而這個時候，蘭梅的父母也透過其他親戚聯繫到了縣長，告訴縣長，有這麼一個遠方侄女，還算努力，如今也算腳踏實地，馬上要結婚了，想縣長賞臉參加。縣長自然覺得家族中有這樣一個後起之秀是個好事，而且他們以前也沒麻煩過自己，於是欣然允諾。

參加蘭梅婚禮的人很多，除了親戚，還有各局室的負責人，他們帶著禮品早早地就趕來了，因為他們想：縣長的侄女結婚，縣長肯定會參加。他們當然不願放棄這個討好縣長的好機會。最後蘭梅的婚禮自然是熱鬧非凡，收禮頗多。

真是「踏破鐵鞋無覓處，得來全不費工夫」。藺梅想不到借用縣長之名，儘管是那種平時沒什麼聯繫的遠房親戚，竟然讓她獲得了如此「厚愛」。

在現代社會，名人效應已被政治、經濟、文化以及外交等各領域廣泛運用，而且大有日趨擴展之勢。藺梅一開始就從所長的詢問中探尋到了一些端倪，然而利用混跡官場的人喜歡鑽營的特點，故意說話點到為止，讓這些官員展開無盡的想像，最終達到為自己辦事的目的。

鑼鼓聽聲，聽話聽音，按照我們現在的話說，就是要有「眼力勁」，要能聽出人家的弦外之音，知道別人貌似平常的一句話背後承載的是什麼內容，從而可以事半功倍。學會了這招，相信你在社會中會輕鬆如意、事半功倍很多。

看一個人的底牌
看他的朋友

「看一個人的身價，要看他的對手。看一個人的底牌．要看他身邊的朋友。」這句話在社會上流傳很廣，朋友，的確是我們的祕密武器，我們身邊的朋友，真是在我們遇到困難和危機時刻的幸運星和守護神。

一個孤獨者，要麼是形單影隻的野獸，要麼是心懷堅韌之志的偉人。然而，即使是偉人，他的身邊也不可能沒有親人、朋友，更不可能脫離親人和朋友的幫助獨自成長壯大。所謂孤掌難鳴，獨木不成橋，在這個世界上沒誰能像魯濱遜那樣單打獨拼地生存在自己的世界中，只要你能完美地就將眾人之力結合在一起，就能取得意想不到的成果。又何況我們大多數人只是普通人，不可能在生活的急流中孤軍奮戰。所以在關鍵時刻你朋友的實力，也能決定你最終的命運。

秦武是某市著名的企業家，他這個人性格豪爽，為人急公好義，深受人們愛戴，然而在進行一次跨國交易的時候，由於對方故意欺詐，秦武價值幾千萬的貨物被騙走，而秦武也氣的一下心臟病突發，生命垂危。那些和秦武有供貨關係的供應商一聽到秦武被人騙了幾千萬，現在又生命垂危，於是都開始瘋狂找秦武的公司催要貨款，秦武的公司資金鏈一下就斷裂了。看到這一幕，秦武的兒子秦迪急得如同熱鍋上的螞蟻。

躺在病床上的秦武甦醒以後，對他的兒子說：「別看我自小在生意場闖蕩，結交的人如過江之鯽，其實我這一生就交了兩個真正的朋友。」

秦迪納悶不已，秦武就貼近他的耳朵交代一番，然後對他說：「你照我說的去見我的這兩個朋友，你就知道怎麼做了。」

秦迪先去了父親認定的一個朋友那裡，對他說：「我是秦武的兒子，現在我們家快家破人亡了，希望你能給我們幫助！」這人一聽，容不得思索，確認了秦迪的身分以後，立刻叫來助手，給秦武公司戶頭上打了三千萬現金。

這個人給秦迪說：「以前我們都是知青的時候，我下河游泳，差點沒了命，是你父親救了我，現在你父親遭了難，我必定竭盡我所能！」

秦迪又去了他父親說的另外一個朋友那裡，抱拳相求把同樣的話說了一遍。這個朋友聽了，對眼前這個年輕人說：「孩子，我沒有太多資金能幫助你，但我認識和你們做生意那個國家的大使，我給他馬上打電話，要求國際協助，一定要幫你們家把貨物追回來，雖然不能解除你們的燃眉之急，但是我們可以繼續想辦法。」

這個朋友對著秦迪說：「當年我生活困難，想下海經商，你父親給了我一大筆錢，要我安心工作，做一個好官，做一個清官。我現在之所以能坐到這個位置上，也多虧你父親的幫助。」

秦家的一場危機就這樣安然度過了，最終那個可惡的國際騙子也被逮捕歸案，秦家的一切又步入了正規。秦迪又一次對自己的父親佩服的五體投地，但又不明白為什麼父親平時沒說起自己的這兩個朋友，要知道，這兩個人一個是億萬富翁，一個是大權在握的高官。

秦武淡淡地說：「真正的底牌是不能輕易動用的，而這兩個朋友就是我的底牌。」秦迪恍然大悟，更加佩服父親了。

在現實生活中，我們時常看到有些沒有血緣關係的人，結成親兄弟般的友誼。朋友在真誠與友誼的基礎上互相幫助、互相提攜，可以說朋友就是我們的一種寶貴資源。借朋友之力，利用他人爲自己服務，以讓自己能夠高居人上，這是一個人不可或缺的處世智慧。尤其對自己所欠缺的東西，更要多方巧借，更要學著「利用」朋友來幫助自己。

沒有人能獨自成功，而朋友就是關鍵時刻逆轉全域的底牌。所以要知道一個人的真實實力，看看他的圈子，看看他的朋友，你也能大概看出個端倪。對於我們來說，爲了讓自己更加有力量，更加有能量，在社會裡能混的如魚得水，我們也必須多結識一些有實力的朋友，這樣才能讓自己在社會打拼中多上幾分勝算。

不是每個拉你一把的人都是朋友

楊陽是一個非常開朗、非常坦誠的人，對朋友總是敞開心扉，無所不談，所以楊陽的社交圈比較廣。上大學時，有一個比楊陽低一屆的學弟，由於他們的性格、志向以及家庭等方面的情況都非常類似，成了「親密無間」的好友，更為重要的是，楊陽曾經迷戀網路遊戲，是這個學弟及時讓自己清醒過來，專心學業，因此楊陽很感激這個小學弟。

畢竟受過台灣傳統教育的人，都會明白感恩，「滴水之恩，當湧泉相報」，這是我們打小接受的教育。因此，楊陽對於自己的恩人，是帶有一種樸素的感情的。

楊陽畢業後，他回母校又遇到他的學弟，學弟向他請教一些職場上的事情，而楊陽也「樂為人師」，毫無保留。巧的是學弟畢業後竟然也進了楊陽所在的公司，而且是同一個部門。楊陽想：這下好了，「上陣父子兵，打仗親兄弟」，他和學弟一定可以攜手創造出優異的業績。

工作上的問題楊陽和學弟一起討論解決，複雜些的事情他們先分工，最後一起合作，經常工作到淩晨三四點。他們的精誠合作創造了優秀的工作業績，楊陽和學弟都受到了上司高度的重視和好評。

那天晚上，又是只有楊陽和學弟兩個人在辦公室和電腦螢幕打交道，又一次在規定的時間內完成了同行看來「不可能完成的任務」。時間晚了，不想回家，兩個人索性到一家酒館喝酒談心。毫無戒心的楊陽向學弟訴說了他打算出國深造的夢想，準備工作兩年，賺些錢再申請大學。

後來，楊陽意識到上司對他和學弟的嘉獎不再一視同仁，學弟明顯比自己更加受到器重。楊陽開始不解，找上司談話，上司閃爍其詞，談到公司願意把鍛鍊機會更多地給那些願意在公司長期服務的員工等等。

楊陽開始反思，終於明白，是學弟向上司「彙報」了自己的私人打算，才使得謹慎的上司對自己的忠誠度產生了不信任。

不久，楊陽在公司失去了發展的前途，黯然提出辭職，到了另一個公司。現在的楊陽學會了和別人「下棋」：在細節上保護好自己，不去深入瞭解別人，免去許多不必要的煩惱；不讓別人瞭解自己的個人前途及遠期計畫，時時注意保護自己，話題一涉及個人就有意撇開。

不再參與他人之間的互相瞭解，辦公室成了絕對的「辦公」的場所。周圍的人也有相處得不錯的，但是楊陽不敢也不允許自己把私人感情加到對方身上去。也許可能會從同事發展成朋友，但那一定是已經不在同一個單位了。

古人流傳下來一句話：「在家靠父母，出門靠朋友。」朋友間稱兄道弟、推心置腹、惺惺相惜，一方面展現彼此的尊重和平等，一方面編織互助合作的紐帶。而那些曾經幫助過我們的朋友，更是始終讓我們銘記於心。對於絕大多數的人來說，交朋友是一件愉快的事情。

所以，大多數人都希望交到更多的朋友，也希望別人能像對待朋友一樣對待自己。應該說，這是人之常情，出發點和願望都是美好的。但是並不是每個幫助過我們的人，或者和我們相處的人都能稱之爲「朋友」。這樣的「朋友」好像在你身邊埋了一顆地雷，沒爆炸的時候風平浪靜，可假如有一天爆炸了，你就徹底完蛋了，你的職業和你們經營的關係一切都沒有了。

友誼並不是堅不可摧的，在現實生活的摧殘下，常常會出現這樣或者那樣的裂痕。就算曾經有人將你從懸崖邊上救回來，也不意味著他一輩子都是你忠實的朋友，更不意味著他會永遠幫助你。這個真相是殘酷的，但也是要想混跡江湖必須知道的真相。

Live A better Life in
The Corrupt Society

不要被人賣了

還幫人數錢

Lesson 6

利用和被利用的關鍵

十九世紀英國首相帕麥斯頓曾說過這樣一句話：「沒有永遠的朋友，也沒有永遠的敵人，只有永遠的利益。」這句話揭示了一個互相利用的問題。其實人與人之間的關係說白了就是一個互相利用，互相依仗的過程。當一個人能做到有許多人都想利用他的時候，那就說明這個人的價值很高；而當一個人很少甚至一個人都沒有想利用他的時候，也就宣佈這個人已經毫無價值可言了。

在我們的工作與生活上，大家無不在相互利用著，其實，利用是相互的，被他人利用的同時更多的時候也在利用對方。例如，領導利用員工來爲自己做事，而員工會利用領導讓自己更好的謀生。從這個簡單的例子，我們可以看出利用是相互的，在被人利用的同時也在利用別人。只有意識到這一點，我們才能夠心安理得，心平氣和的被人利用，並從中獲取一定的利益。

曉楓是一位青年演員，他很有演藝天賦，自己的夢想也是有朝一日出名。透過他的努力，現在已經在影視圈嶄露頭角。從職業的發展來看，他此刻最需要的是有識之士為其包裝和宣傳，以擴大影響力。當然，最直接、最有效的方法就是找到一個團隊能夠為其進行包裝宣傳。雖然他意識到宣傳自己對今後的發展至關重要，但這需要很大的一筆資金，就目前的經濟狀況來說，他根本無法負擔。

正在他苦惱之限，一次偶然的機會，曉楓在聚會中結識了安安。安安曾經在一家公關公司工作多年，她不僅熟悉業務，還有較好的人脈。安安打算自己做，所以開辦了一家公關公司，公司正好缺像曉楓這樣形象好且具有表演天賦的人，曉楓與安安一拍即合，兩個人聯起手來，安安成了曉楓的經紀人。

之後他們的合作非常密切，不到一年的時間，曉楓的代言和演出的合同紛至遝來。隨著知名度的擴大，安安不僅從中獲得了更多收益，更讓自己的公司有了影響力。

曉楓與安安的關係就是利用與被利用的關係，其實每個人都有著獨特的天賦和特點，但是每個人的價值往往需要藉由別人的利用來得到表現和詮釋。正如曉楓和安安一樣，他們在合作中各取所需，既滿足了自己的需要，同時也滿足了對方的需要，正是相互協助使他們邁上了各自的成功階梯。

然而更多的人並未能意識到這其中的奧妙，有一些人一旦意識到自己被人利用的時候，往往不能冷靜的面對，會表現得很氣憤，不能接受，甚至做出一些過激的舉動出來，其實，有些時候利用不見得是一件壞事，因爲雙方有了好的合作，反而會有美好的結果。

要知道，被人利用並不是一種見不得人的東西，它不僅是生存的一種需要，更是自身價值的一種表現。

關鍵是要想方設法利用別人多一點，而被人利用少一些，這才是深諳混社會之道的人與他人最大的區別。

只有明白這層關係之後，在被人利用的同時我們才能不斷的努力去完善自己，提升自己，人生的道路才能走得更沉穩和矯健。

總之，人生的價值在一定程度上就是在利用與被利用中展現的。能夠被利用，從另一方面也說明一個人有可被利用局價值，更重要的是人完全可以合理地利用這種價值，在被利用中成就自己。

不要認為別人唯唯諾諾就是認同自己

張清天生開朗，工作能力強，且受老闆的重視，部門裡不少同事都和張清關係不錯。有個和張清同時進單位的同事叫周默，性格相對內向，每天就看他低著頭，說話聲音也很低，處世小心謹慎，講話迂迴婉轉，萬事順從。同事們對他的評價就是「唯唯諾諾」。在工作中，張清與周默有很多合作的機會，在接觸中，張清發現，只要是自己建議的事情，張默基本沒有意見，也沒有主意。所以，在張清的眼裡，根本沒有把周默當成升職的競爭對手。

這天，領導準備提拔張清當市場部經理，於是找張清談話。也不知道這次談話內容怎麼被周默知道了，自此以後他就似乎對張清有了意見，

張清也不和他一般見識，覺得像他這種唯唯諾諾的人成不了什麼氣候，就等著

正式任命下來。正式任命如期下來，但他們單位有這樣的規定，就是還要在原單位裡呆一段時間，徵求大家的意見，一般這都只是走走形式而已，沒什麼問題的。

但過了一個星期，上級領導來找張清談話了，很嚴肅的樣子。他說單位收到了匿名信，說張清的心態有問題，還極其詳細地寫到「某年某月某日與競爭公司的某領導吃飯」。看到這樣的誣陷，張清差點吐血，這純屬子虛烏有，信的署名是「一個伸張正義打抱不平的同事」。張清立刻就想到了周默，因為最近他的反常表現實在讓張清懷疑。幸好張清和領導的關係不錯，幾位領導對張清特別瞭解，也對這種匿名告狀的形式很不屑，最後這件事就不了了之了。

在社會上，有這樣一類人，就是不管別人說什麼，他們都唯唯諾諾，表面上看起來是在贊同你的意見，站在你這邊。事實上，這樣的人往往是跟你對立的，是最會放冷箭的人，要知道容易傷人的並非真刀真槍，悶聲不響的人有時會利用他們的沉悶與唯唯諾諾來給你放「冷箭」，讓你措手不及。

後來張清還是如願以償地當上了市場部經理。在張清升職之後沒幾天，周默就提出了辭呈，這樣張清就更確信是他了，雖然張清對匿名信事件隻字未提，但做壞事的人總是會心虛的。

在工作中，有些單位裡面山頭林立、關係複雜，利益衝突是根深蒂固的，因而暗地裡的較量也往往劍拔弩張，身處其中惟有洞察內情方能明哲保身，即使對那些唯唯諾諾的人也要防範。否則，你就會被別人利用。

那個放「冷箭」的平日裡唯唯諾諾的人，動起真格的，倒還真讓人防不勝防，所以，我們在混社會時還是要遠離這些人爲妙。

唯唯諾諾的人也許不是贊同自己的，恰恰是最反對自己的，表面上他們謙虛、低調，甚至有些低人一等，但往往這些人嫉妒心更強，只是隱藏得好罷了，等到時機成熟，他們就會出擊，讓你招架不住，所以，我們要多加防範，不要太過於相信別人，小心被人賣了還幫人數錢。

你可以不聰明 但不可以不小心

自古往來，就有這麼一句話：「人可以不聰明，但不可以不小心。」這句話在你混社會的時候最管用。在社會上，你可以不聰明，不聰明的人，最多笨拙一些，事情做的差一點，這算不上多大的罪過。但不小心處事就隨時會觸犯到別人的利益，得罪人是混社會大忌，一個人夠小心才能混好社會。

李銘是剛來公司的新人，由於正處於試用期，所以他總是急於表現自己，什麼活都大包大攬。總想著給經理一個好印象，讓自己早點升職。

經理對李銘的印象倒是不錯，很能幹的年輕人，但是同事們卻不這麼認為，因為他風風火火的把所有的事情做完了，感覺其他人都是多餘的，而且風光都讓他給搶走了。然而李銘卻沒有感覺到同事們對他的異樣，依然搶著做事。慢慢的同事們對他開始有了敵意。

有一次，領導讓李銘寫一份演講稿，李銘熬了一夜寫完了。可萬萬沒有讓他想到的是，他交上去的演講稿有很多錯別字，之後，被老闆訓了一頓。後來李銘才知道，原來是有人趁他不在的時候，修改了他的演講稿。

此事之後，李銘的好印象被大打折扣，經理不再交代他那麼多活了，他也在同事們的排擠下水深火熱的工作，讓自己痛苦不堪。

一般剛進公司的人，總希望給別人留下一個良好的印象，所以會搶著表現。有這樣的想法固然很好，但是如果像故事中的李銘一樣，出盡風頭，搶了其他同事的功勞，則是不可取的。如此一來，你就會成爲這群人的公敵。所以說在社會上混我們要十分小心，做事情要多考慮，不然很容易成爲眾矢之。

我們可以不聰明，但不可以不小心，爲了讓自己在社會中更好的立足，我們就要學會小心謹慎，那麼我們該如何做呢？

一、切勿輕信他人

社會是一個利益交換的場所，品德好的人往往樹敵眾多，而壞人卻順風順水。你可以不學壞人那樣去害人，但至少要有保護自己的能力。別人要來害你，最簡單的方式是利用你的善良，其次是因爲你輕信於人。所以，我們對人對事，信任應該有尺度。站在自己的立場上，守住應該有的利益，相信應該相信的話，這才能活得更好。

二、僞善的人不是異類

很多人都會覺得，步入社會了，身邊的人都太假了，像是戴著面具做人。總是在利用與被利用之間生活，而實際上，這種僞善的人在社會中是占主流的，所以一個實話實說的人反而成了異類。別把社會中僞善的人當成怪胎，他們每說一句謊話，都是有好處的，而你做不到他們那麼虛僞，是一種缺憾。所以在社會中，你或者學會說謊話，或者學會沉默。

三、做得多不如說得多

在職場中，有些人明明做了很多，卻不懂表現，以至於沒人知道，甚至功勞被人搶走，這種人就算累得半死，也是不會有半分功勞的，因為上司壓根看不見她。

而另一些人，事情還沒做，就先說得天下皆知。於是不管她們做不做得成，有沒有做，都成了領導眼裡的紅人。職場的現實就是這樣，做得多不如說得多，做得好不如說得好。

四、不管什麼時候，裝傻總是最不易犯錯

金庸也曾經說過，他年邁耳背後，該聽見的話就能聽見，不該聽見的話就聽不見。當有人要你當面表態站隊，要你選擇事情的方向，不管你怎麼選都是錯的。那麼裝傻就是最好的選擇，這是沒選擇時最不易犯錯的方法。別擔心裝傻的樣子很拙劣，即使每個人都看出你在裝傻，可他們依舊拿你沒辦法。真正倒楣的是那些明確表態的人，有這些龍套犧牲，怎麼也輪不到你。

五、要有缺點

你一定要有缺點，一個完美而毫無缺點的人，會遭人嫉恨，會被人敬而遠之。這樣你前方的路就危險了。所以聰明人會故意暴露些缺點，尤其是無關痛癢的缺點，這樣你才會安全。但缺點絕不可致命，卻不能是你真正的短處，不然，你的處境會更危險。

總之，害人之心不可有，防人之人不可無。真正的混社會高手對每個人都小心翼翼的，他們都善於管好自己，儘量不露任何把柄在人手。正所謂「小心駛得萬年船」，而這亦是混社會的真諦。

被利用可以
被當槍使用絕對不行

呂曉博來到公司已經兩個月了，由於工作出色，經理提前讓他升官了。這時同部門的楊大力與趙曉一起競爭主管職位，已經到了白熱化的程度。

這天，趙曉找到呂曉博聊天，趙曉開口先說：「曉博啊！你剛來公司兩個月，就轉正了，這說明你有能力啊！」

呂曉博怕說錯話，小心的說：「也沒有了，大家都很優秀，我只是幸運了，其實我還有很多不懂的地方需要向前輩們學習。」

趙曉微笑道：「你可真謙虛啊！我是很看好你的哦！要知道並不是所有人看好你，我聽楊大力說，你太愛出風頭了呢！」

「什麼？」呂曉博很驚訝，自己已經很小心了。

呂曉博有些生氣的道：「我在公司兩個月，盡心盡力的工作，自認為對得起公司，他怎麼能這麼說我呢？」

趙曉安慰呂曉博說：「人都有嫉妒心，你的能力威脅到他了，所以他就看你不順眼唄，以後你注意點就行了。」

呂曉博感激的點點頭。

自此之後，呂曉博總是在背後說楊大力的壞話，從而損壞楊大力的名聲，果然，楊大力的威信度在同事們眼裡大大下降，最後趙曉當上了主管。然而楊大力也不是省油的燈，競選過後，楊大力百般刁難呂曉博，事事與呂曉博做對，最終呂曉博終於忍受不了辭職了，臨走之前，他才知道，當初楊大力根本沒有說他「鋒芒外露」，都是趙曉為了當主管把他當槍使了，可是，他知道的太晚了。

社會是複雜的，到處都有爾虞我詐，鉤心鬥角，想在社會上行走自如，就要懂點心計，既不得罪別人，也不傷害別人，當然還要避免被別人所傷害。

雖然人與人之間存在著「利用」與「被利用」的關係。然而，呂曉博的遭遇不得不給我們敲響警鐘——「被利用」也分好壞。當別人對你說些什麼是非，你大可以一笑而過，不需要當真，不然，你就會被當槍使。所以，我們不能讓人把自己當成了他們的爪牙，被別人拿著當槍用。

在社會中，人與人之間的利益關係複雜，單純的年輕人絕對不能讓心懷不軌的人把自己當槍使。仔細想想，凡是被人利用，被人當槍使的人，無不有這樣或那樣的弱點，或分析能力不夠，或抵抗力較差，或貪圖小恩小惠。那麼，如何避免這種事情的發生呢？

一、要分清責任界限

別人一時有難，伸出你的援助之手拉他一把，確實是應該的。但我們一定要把前因後果想好了再去做，不要什麼事情都要大包大攬。

二、不分忠奸被人當槍使

在人生道路上，不管做什麼事來，都要與各種人相處，尤其是涉世不深的年輕人，更要善於辨認忠奸，能從自己身邊人的言行舉動中辨識出真僞。否則，被虛假的現象所迷惑，良莠不識，就會無意中被別有用心的人所利用，使自己在不知情中被當槍使，讓自己後悔莫及。

三、不要亂管閒事

四、管閒事與管所應當管的事最大差別，在於對方願意接受的程度有所不同

在現實生活中，人許多人是被盲目的熱情所驅，根本不知道他們該管什麼，不該管什麼，他們的熱情便常常爲人們所避之唯恐不及了。

如今這世道，人心險惡，所以，我們在做人做事的時候一定要慎重，要小心。我們無論做什麼事情，我們都要時刻保持警惕。或許你剛踏入社會可以「被利用」，但絕不能成爲別人手裡的武器。

心事爛在肚子裡

小心話柄成把柄

很多人都有一個毛病：肚子裡擱不住事，有一點喜怒哀樂之事，總想找人嘮叨一下，更有甚者，不分時間、地點、場合、物件，見什麼人都說出來，這是混社會的大忌。

有人認爲，人若有心事就應該說出來，鬱積在心裡容易悶出病來，這個說法其實是沒錯的。但是卻不能逢人就說，而且有些事情是不適合說出來，否則，你今天的一句話可能就會成爲他人拿捏你的把柄。尤其是同事、上下級之間的更不要逢人見面拋真心，不然，你就會吃虧。

在同事之間，不可避免地會出現或明或暗的競爭。表面上可能相處得很好，實際情況卻不是這樣，有的人想讓對方出錯，自己好有機可乘，得到老闆的特別賞識。所以，同事之事就會傳播一些流言蜚語，這種流言蜚語往往帶給人很大危害性，所以，如果不想流言蜚語誤導人們做出錯誤的判斷，我們就要學會把心事爛在肚子裡，不讓別人抓住自己的小辮子。

有位女孩叫任潔。有一天，她受到同事沈麗的熱情邀請，一同前往公司附近的咖啡廳裡喝咖啡。

她們坐在咖啡廳裡，一邊喝咖啡，一邊天南地北的閒聊起來，不知不覺，話題開始扯到了任潔的同事李小姐。

「啊，李小姐嗎？她好漂亮啊！經常穿著時髦的衣服，太叫人羨慕了。」

「那是當然，因為李小姐領的是高薪啊！」沈麗突然道出原委。

原來，這家公司採取的是年薪制，每個員工的年薪是根據每人的工作表現與公司簽訂的合同而確定的。這點任潔自然也清楚，但她一直認為同事間的差別不應該太大，現在突然從沈麗口裡聽說李小姐的薪資很高，自然心裡不太舒服。她問道：

「真的差那麼多嗎？」

「是呀，比妳的年薪多一萬呢！」沈麗說得更具體了。

回到家了，任潔越想越憋氣，自己也在努力的工作，怎麼差距這麼大呢？

第二天，任潔一整天都無精打彩，同事們問她怎麼了，任潔終於忍不住了，便把這件事告訴了同事們，大家聽了當然不服氣，於是，就一起開始嘲笑起「高薪資」的李小姐來，甚至不同她來往，將她孤立了起來。

李小姐知道了這些事的原委後，主動亮出了自己的薪資條。事實上，李小姐的薪資與任潔相差並不大，比任潔高出的那一萬多，那是因為李小姐的資歷比任潔長。沈麗只是看李小姐的穿得好，所以猜想她的工資高，再加上誇張的敘述，使任潔完全相信了。

此事之後，李小姐就抓住了任潔的把柄，總對同事們說：「任潔就是一個唯恐天下不亂的人，到處說別人的壞話，你們看，我就是一個很好的例子，幸好我證明了自己的清白，可你們就不會那麼幸運了，得注意點。」

此後，任潔便給大家落下了一個喜歡散佈流言蜚語的「壞女人」的印象，不久，她終於忍受不了眾人的排擠辭職了。

聰明的人，即使知道了一些事情，也會把事兒爛在肚子裡，對別人之間的是非恩怨和各種鬥爭，一定都離得遠遠離開，無論對同事還是上司他們都能做到不趟渾水。如果任潔能聰明一點，就不至於讓李小姐抓住把柄，讓自己陷入進退兩難的地步。

當然，緊閉心扉，滴水不漏也絕對不是什麼好事。因爲這樣會給別人一種感覺：感覺你是個城府很深，不可琢磨與親近的人。如果你本身就是這樣的人倒也無所謂了。如果不是，給了別人這樣的印象，不是很划不來的麼？

那麼在社會上混，該如何才能把握好這個度呢？其實你大可以說一些無關緊要的事，給別人一種很坦然的心情與感覺，這樣也就不會讓人對你有所揣摩與戒備了。

總之，在社會上行走，對於有些事情，我們要學會把它爛在肚子裡，這是一種保護自己的方法，不然，你早晚會被別人抓住把柄，致你於死地。

吃虧也要吃得明白

在社會上，我們會接觸到形形色色的人，與各式各樣的人打交道常常會讓我們吃虧，當然也有人說「吃虧是福」，可聰明的人不僅僅知道吃虧，更知道吃虧要吃得明白。這些人大多不會明爭暗鬥，常常都是採取回避方法，即使吃虧心裡也很明白，就是因爲這一點，他們才會在社會上行走自如。

白銘是一家公司的網路管理人員，他為人忠厚，部門同事拜託他做什麼事，他都會答應，雖然有些時候會吃虧，但他覺得自己獲得了好人緣比什麼都強，他在部門是出了名的好人。

閒暇時候，他常常會做一些兼職，比如做網站，他的技術很高，每次都能完成客戶的要求，甚至超過了客戶的預期。可他向客戶要的錢卻很少，基本上是業內最低價，這讓白銘的同事不理解。

「老白，你的技術那麼強，網站做的那麼好，怎麼要這麼少的錢啊！」一位同事不理解的問。

「都是熟人，也不好意思多要。」白銘笑著道。

「那你不是很吃虧，辛辛苦苦地也賺不了多少錢。」同事接著問。

「其實吃點虧也沒什麼，每一次做網站的同時自身也得到了提高，積累了很多經驗。」白銘回答道。

「你啊，真是一個好人啊！在部門喜歡幫助別人，工作上也不占別人便宜。」同事讚美道。

「哪裡，哪裡。」白銘謙虛的說。

大家都看到白銘吃虧，其實他心裡清楚，在部門幫助同事，雖然吃點虧，但自己落得一個好人緣。在外兼職做網站，雖然價錢要的少，但是會有源源不斷的生意。所以，從另外一個角度看，吃虧了，但自己也收益不少。

「吃虧也要吃得明白」這是一條「混社會」法則，它不僅可積累你的工作經驗、充實做事能力，更能讓你拓寬人際網路。

楊洋是北大畢業的高村生，在出版社工作。楊洋的文筆很好，但更可貴的是他的工作態度。當時楊洋所在的編輯部正在進行一套大書的編輯，每個人都很忙，但主任並沒有增加人手的打算，於是編輯部的人也被派到發行部、業務部幫忙，但整個編輯部只有楊洋接受主任的指派，其他的人都是去一兩次就抗議了。

楊洋卻不這樣，每次主任讓他做什麼他都會去，連取稿、跑印刷廠、郵寄這樣的事務，只要主任開口要求，他都樂意幫忙。

「反正吃虧就是佔便宜嘛！」他總這麼說。原來，他是在「吃虧」的時候，把出版的流程——編輯、印刷、發行等工作都摸熟了。他真的是吃虧吃得明白，現在他仍然抱著這種態度做事。

在社會上混，難免會吃虧，吃虧我們不怕，就怕白吃虧。吃虧分爲兩種，一種是吃明白虧，即主動吃虧，一種是白吃虧，即被動的吃虧。

吃明白虧主要是主動去爭取吃虧的機會，這種機會是指沒有人願意做的事、困難的事、報酬少的事。這種事因爲無便宜可占，因此大部分的人不是拒絕就是不情願，主動爭取，這是對人際關係的幫助。最重要的是，什麼事都做，可以磨練人的做事能力和耐力，不但懂得比別人多，也進步得比別人快，這是無形資產，絕不是用錢買得到的。

白吃虧主要是未被告知的情形下，突然被分派了一個並不十分願意做的工作，或是工作量突然增加。碰到這種情形，除非健康因素或家庭因素，否則就應接下來。如果冷眼旁觀周圍環境，發現也沒有抗拒的餘地，那更應該愉快地接下來。也許你不太情願，但形勢比人強，也只好用「吃虧就是佔便宜」來自我寬慰，至於有沒有便宜可占，那是很難說了。

聰明的人都是吃「明白虧」，而往往那些愚蠢的人才會「白吃虧」，想要更好的混社會，就要學會吃虧也要佔便宜，這樣你才不會被別人利用，從而在提高自己的同時更好的保護自己。

我已經忍你很久了：我就是教你混社會（讀品讀者回函卡）

■ 謝謝您購買本書，請詳細填寫本卡各欄後寄回，我們每月將抽選一百名回函讀者寄出精美禮物，並享有生日當月購書優惠！
想知道更多更即時的消息，請搜尋"永續圖書粉絲團"

■ 您也可以使用傳真或是掃描圖檔寄回公司信箱，謝謝。
傳真電話：(02) 8647-3660　　信箱：yungjiuh@ms45.hinet.net

◆ 姓名：　　□男　□女　　□單身　□已婚
◆ 生日：　　□非會員　　□已是會員
◆ E-Mail：　　電話：(　)
◆ 地址：
◆ 學歷：□高中及以下　□專科或大學　□研究所以上　□其他
◆ 職業：□學生　□資訊　□製造　□行銷　□服務　□金融
□傳播　□公教　□軍警　□自由　□家管　□其他
◆ 閱讀嗜好：□兩性　□心理　□勵志　□傳記　□文學　□健康
□財經　□企管　□行銷　□休閒　□小說　□其他
◆ 您平均一年購書：□ 5本以下　□ 6～10本　□ 11～20本
□ 21～30本以下　□ 30本以上

◆ 購買此書的金額：
◆ 購自：　　市(縣)
□連鎖書店　□一般書局　□量販店　□超商　□書展
□郵購　□網路訂購　□其他
◆ 您購買此書的原因：□書名　□作者　□內容　□封面
□版面設計　□其他
◆ 建議改進：□內容　□封面　□版面設計　□其他
您的建議：

剪下後傳真、掃描或寄回至「22103新北市汐止區大同路三段194號9樓之1讀品文化收」

廣告回信
基隆郵局登記證
基隆廣字第55號

221-03

新北市汐止區大同路三段194號9樓之1

讀品文化事業有限公司　收

電話/(02)8647-3663　傳真/(02)8647-3660
劃撥帳號/18669219　永續圖書有限公司

請沿此虛線對折免貼郵票或以傳真、掃描方式寄回本公司，謝謝！

讀好書品嘗人生的美味

我已經忍你很久了：我就是教你混社會